办公软件高级应用
实验案例汇编

杨凤霞　编著

ZHEJIANG UNIVERSITY PRESS
浙江大学出版社
·杭州·

图书在版编目(CIP)数据

办公软件高级应用实验案例汇编 / 杨凤霞主编. ——
杭州：浙江大学出版社，2023.6
ISBN 978-7-308-23592-1

Ⅰ. ①办… Ⅱ. ①杨… Ⅲ. ①办公自动化－应用软件
－高等学校－教材 Ⅳ. ①TP317.1

中国国家版本馆 CIP 数据核字(2023)第 051467 号

办公软件高级应用实验案例汇编

BAN GONG RUAN JIAN GAO JI YING YONG SHI YAN AN LI HUI BIAN

杨凤霞　编著

责任编辑	吴昌雷
责任校对	王　波
封面设计	林　智
出版发行	浙江大学出版社
	（杭州市天目山路 148 号　邮政编码 310007）
	（网址:http://www.zjupress.com）
排　　版	杭州晨特广告有限公司
印　　刷	浙江临安曙光印务有限公司
开　　本	787mm×1092mm　1/16
印　　张	8.25
字　　数	196 千
版 印 次	2023 年 6 月第 1 版　2023 年 6 月第 1 次印刷
书　　号	ISBN 978-7-308-23592-1
定　　价	25.00 元

前　　言

　　"Office 办公软件高级应用"是非计算机专业类学生经过计算机基础学习后，以进一步提高计算机应用能力为目的的课程。本书在内容设计上采用以案例描述为主线，以知识模块为框架，以实例操作为基础的方式，围绕高等院校培养"应用型人才"的教学宗旨进行组织。

　　《中国高等院校计算机基础教育课程体系》提出了"以应用能力培养为导向，完善复合型创新人才培养实践教学体系建设"的工作思路，明确了以服务于专业教学为目标，在交叉融合中寻求更大的发展空间。许多高校将"Office 办公软件高级应用"课程纳入计算机基础教育课程体系，作为非计算机类专业的公共基础课。本课程的教学目的在于通过教与学，使学生掌握办公自动化的高级应用，能综合运用办公自动化软件对实际问题进行分析和解决，培养学生应用办公自动化软件处理办公事务、进行信息采集处理的实际操作能力，以便日后能更好地胜任专业工作。本书精选不同专业 Office 的高级应用案例，也兼顾了等级考试的需求。全国计算机等级考试（NCRE）从 2013 年下半年开始，新增了二级 MS Office 高级应用科目，要求参试者具有计算机应用知识及 MS Office 办公软件的高级应用能力，能够在实际办公环境中开展具体应用，本书案例的编写也基于此环境。

　　本书编者是在教学一线多年从事计算机基础课程教学和教育研究的教师，在编写过程中将积累的教学经验和体会融入知识体系各部分，力求知识结构合理，案例选择得当。本书突出以下特点：一是精心设计不同专业的应用案例，将需要学习的理论知识系统地融入其中，并通过实例操作巩固提高；二是知识内容的深度和广度符合全国计算机等级考试大纲要求。各章都有针对二级 MS Office 高级应用的考点相关案例，便于备考计算机等级考试。

　　全书共三部分，全面介绍了 Word、Excel、PowerPoint 的高级应用知识。全书以案例形式，将知识点与案例操作实践相结合，所选案例源于工作和生活,操作步骤详细,能够帮助读者快速进行实践。全书对案例中每个小题涉及的知识点进行了归纳梳理,知识点的序号与案例的小题号一一对应,方便读者对照参考。本书支持扫描二维码下载题目素材、操作结果的电子书并提供解题操作视频,辅助读者通过做题快速地掌握知识点。

本书由杨凤霞担任主编,为便于开展教学,加编者 QQ:449836239 可为选用本书的教师提供各案例的素材和相关教学操作视频资料。

由于编写时间仓促,加之编者水平有限,书中难免存在不足和疏漏之处,恳请广大读者批评指正。

编 者

2022 年 11 月

目　录

第一部分　Word 操作案例

实例一：宣传海报制作 ·· 1

　【知识点】 ··· 1

　【题目要求】 ··· 1

　【解题步骤】 ··· 2

实例二：请柬制作 ··· 4

　【知识点】 ··· 4

　【题目要求】 ··· 4

　【解题步骤】 ··· 5

实例三：《网购发展现状分析》文档排版 ································ 6

　【知识点】 ··· 6

　【题目要求】 ··· 6

　【解题步骤】 ··· 7

实例四：婚帖制作 ··· 8

　【知识点】 ··· 8

　【题目要求】 ··· 9

　【解题步骤】 ··· 9

实例五：《生态环境年报》排版 ··· 11

　【知识点】 ·· 11

　【题目要求】 ·· 11

　【解题步骤】 ·· 12

实例六：《网络安全与黑客技术》文档设置 ···························· 14

　【知识点】 ·· 14

　【题目要求】 ·· 14

　【解题步骤】 ·· 15

实例七:会议邀请函制作 ·· 17

　【知识点】 ·· 17

　【题目要求】 ··· 17

　【解题步骤】 ··· 18

实例八:《云会议软件应用》书稿排版 ··· 19

　【知识点】 ·· 19

　【题目要求】 ··· 19

　【解题步骤】 ··· 20

实例九:《手机市场占比排行》资讯排版 ··· 22

　【知识点】 ·· 22

　【题目要求】 ··· 23

　【解题步骤】 ··· 23

实例十:《中国古代史》教程编排 ·· 25

　【知识点】 ·· 25

　【题目要求】 ··· 25

　【解题步骤】 ··· 26

实例十一:《搜索引擎使用情况报告》排版 ······································ 28

　【知识点】 ·· 28

　【题目要求】 ··· 28

　【解题步骤】 ··· 29

实例十二:《大数据及其隐私保护》学术论文排版 ························· 33

　【知识点】 ·· 33

　【题目要求】 ··· 34

　【解题步骤】 ··· 34

实例十三:《公务员报考指南》文档排版 ··· 38

　【知识点】 ·· 38

　【题目要求】 ··· 38

　【解题步骤】 ··· 39

实例十四:《致家长的一封信》文档设置 ··· 41

　【知识点】 ·· 41

　【题目要求】 ··· 42

　【解题步骤】 ··· 43

第二部分　Excel 操作案例

实例十五:学生成绩单 ……………………………………………………………… 47

　【知识点】 ……………………………………………………………………… 47

　【题目要求】 …………………………………………………………………… 47

　【解题步骤】 …………………………………………………………………… 48

实例十六:月平均高温统计表 ……………………………………………………… 50

　【知识点】 ……………………………………………………………………… 50

　【题目要求】 …………………………………………………………………… 50

　【解题步骤】 …………………………………………………………………… 50

实例十七:产品季度销售情况统计 ………………………………………………… 51

　【知识点】 ……………………………………………………………………… 51

　【题目要求】 …………………………………………………………………… 51

　【解题步骤】 …………………………………………………………………… 51

实例十八:家用电器年销量统计 …………………………………………………… 53

　【知识点】 ……………………………………………………………………… 53

　【题目要求】 …………………………………………………………………… 53

　【解题步骤】 …………………………………………………………………… 53

实例十九:新能源车销量统计 ……………………………………………………… 55

　【知识点】 ……………………………………………………………………… 55

　【题目要求】 …………………………………………………………………… 56

　【解题步骤】 …………………………………………………………………… 56

实例二十:人口普查数据分析 ……………………………………………………… 58

　【知识点】 ……………………………………………………………………… 58

　【题目要求】 …………………………………………………………………… 58

　【解题步骤】 …………………………………………………………………… 59

实例二十一:公司员工月工资表 …………………………………………………… 62

　【知识点】 ……………………………………………………………………… 62

　【题目要求】 …………………………………………………………………… 62

　【解题步骤】 …………………………………………………………………… 62

实例二十二:图书销量分析 ………………………………………………………… 64

　【知识点】 ……………………………………………………………………… 64

【题目要求】 ··· 64

【解题步骤】 ··· 65

实例二十三:家庭开支明细表 ··· 67

【知识点】 ·· 67

【题目要求】 ··· 68

【解题步骤】 ··· 68

实例二十四:新东方公司图书销量统计 ··· 70

【知识点】 ·· 70

【题目要求】 ··· 70

【解题步骤】 ··· 71

实例二十五:学生期末成绩分析表 ·· 73

【知识点】 ·· 73

【题目要求】 ··· 73

【解题步骤】 ··· 74

实例二十六:销售业绩表 ··· 76

【知识点】 ·· 76

【题目要求】 ··· 76

【解题步骤】 ··· 77

实例二十七:公司差旅费统计分析 ·· 79

【知识点】 ·· 79

【题目要求】 ··· 79

【解题步骤】 ··· 79

实例二十八:停车场收费分析 ··· 81

【知识点】 ·· 81

【题目要求】 ··· 81

【解题步骤】 ··· 82

第三部分　PowerPoint 操作案例

实例二十九:关于水资源利用的演示文稿 ··· 84

【知识点】 ·· 84

【题目要求】 ··· 84

【解题步骤】 ·· 84

实例三十：新员工入职培训演示文稿的制作 ························· 86

【知识点】 ·· 86

【题目要求】 ·· 86

【解题步骤】 ·· 86

实例三十一：防治环境污染的演示文稿 ································· 87

【知识点】 ·· 88

【题目要求】 ·· 88

【解题步骤】 ·· 88

实例三十二：网络教学模式探究的演示文稿 ························· 89

【知识点】 ·· 89

【题目要求】 ·· 90

【解题步骤】 ·· 90

实例三十三：全球气候变暖演示文稿 ··································· 91

【知识点】 ·· 91

【题目要求】 ·· 91

【解题步骤】 ·· 92

实例三十四：生物课件的整合制作 ····································· 93

【知识点】 ·· 93

【题目要求】 ·· 93

【解题步骤】 ·· 94

实例三十五：云会议简介演示文稿 ····································· 95

【知识点】 ·· 95

【题目要求】 ·· 95

【解题步骤】 ·· 96

实例三十六：武汉主要景点的宣传片 ··································· 97

【知识点】 ·· 97

【题目要求】 ·· 98

【解题步骤】 ·· 98

实例三十七：关于校园网贷的演示文稿 ································· 100

【知识点】 ·· 100

【题目要求】⋯⋯⋯⋯⋯⋯⋯⋯⋯⋯⋯⋯⋯⋯⋯⋯⋯⋯⋯⋯⋯⋯⋯⋯⋯⋯⋯⋯ 100

【解题步骤】⋯⋯⋯⋯⋯⋯⋯⋯⋯⋯⋯⋯⋯⋯⋯⋯⋯⋯⋯⋯⋯⋯⋯⋯⋯⋯⋯⋯ 101

实例三十八:两会热点解读演示文稿 ⋯⋯⋯⋯⋯⋯⋯⋯⋯⋯⋯⋯⋯⋯⋯ 102

【知识点】⋯⋯⋯⋯⋯⋯⋯⋯⋯⋯⋯⋯⋯⋯⋯⋯⋯⋯⋯⋯⋯⋯⋯⋯⋯⋯⋯⋯⋯ 102

【题目要求】⋯⋯⋯⋯⋯⋯⋯⋯⋯⋯⋯⋯⋯⋯⋯⋯⋯⋯⋯⋯⋯⋯⋯⋯⋯⋯⋯⋯ 102

【解题步骤】⋯⋯⋯⋯⋯⋯⋯⋯⋯⋯⋯⋯⋯⋯⋯⋯⋯⋯⋯⋯⋯⋯⋯⋯⋯⋯⋯⋯ 103

实例三十九:图书馆员职业介绍演示文稿 ⋯⋯⋯⋯⋯⋯⋯⋯⋯⋯⋯ 105

【知识点】⋯⋯⋯⋯⋯⋯⋯⋯⋯⋯⋯⋯⋯⋯⋯⋯⋯⋯⋯⋯⋯⋯⋯⋯⋯⋯⋯⋯⋯ 105

【题目要求】⋯⋯⋯⋯⋯⋯⋯⋯⋯⋯⋯⋯⋯⋯⋯⋯⋯⋯⋯⋯⋯⋯⋯⋯⋯⋯⋯⋯ 105

【解题步骤】⋯⋯⋯⋯⋯⋯⋯⋯⋯⋯⋯⋯⋯⋯⋯⋯⋯⋯⋯⋯⋯⋯⋯⋯⋯⋯⋯⋯ 106

实例四十:木兰草原景点的演示文稿 ⋯⋯⋯⋯⋯⋯⋯⋯⋯⋯⋯⋯⋯⋯ 107

【知识点】⋯⋯⋯⋯⋯⋯⋯⋯⋯⋯⋯⋯⋯⋯⋯⋯⋯⋯⋯⋯⋯⋯⋯⋯⋯⋯⋯⋯⋯ 107

【题目要求】⋯⋯⋯⋯⋯⋯⋯⋯⋯⋯⋯⋯⋯⋯⋯⋯⋯⋯⋯⋯⋯⋯⋯⋯⋯⋯⋯⋯ 108

【解题步骤】⋯⋯⋯⋯⋯⋯⋯⋯⋯⋯⋯⋯⋯⋯⋯⋯⋯⋯⋯⋯⋯⋯⋯⋯⋯⋯⋯⋯ 109

实例四十一:《二十四节气》演示文稿 ⋯⋯⋯⋯⋯⋯⋯⋯⋯⋯⋯⋯⋯ 112

【知识点】⋯⋯⋯⋯⋯⋯⋯⋯⋯⋯⋯⋯⋯⋯⋯⋯⋯⋯⋯⋯⋯⋯⋯⋯⋯⋯⋯⋯⋯ 112

【题目要求】⋯⋯⋯⋯⋯⋯⋯⋯⋯⋯⋯⋯⋯⋯⋯⋯⋯⋯⋯⋯⋯⋯⋯⋯⋯⋯⋯⋯ 112

【解题步骤】⋯⋯⋯⋯⋯⋯⋯⋯⋯⋯⋯⋯⋯⋯⋯⋯⋯⋯⋯⋯⋯⋯⋯⋯⋯⋯⋯⋯ 113

实四十二:《大学生征兵政策解读》演示文稿 ⋯⋯⋯⋯⋯⋯⋯⋯⋯ 116

【知识点】⋯⋯⋯⋯⋯⋯⋯⋯⋯⋯⋯⋯⋯⋯⋯⋯⋯⋯⋯⋯⋯⋯⋯⋯⋯⋯⋯⋯⋯ 116

【题目要求】⋯⋯⋯⋯⋯⋯⋯⋯⋯⋯⋯⋯⋯⋯⋯⋯⋯⋯⋯⋯⋯⋯⋯⋯⋯⋯⋯⋯ 116

【解题步骤】⋯⋯⋯⋯⋯⋯⋯⋯⋯⋯⋯⋯⋯⋯⋯⋯⋯⋯⋯⋯⋯⋯⋯⋯⋯⋯⋯⋯ 117

第一部分　Word操作案例

实例一：宣传海报制作

本实例教材

【知识点】

基础点：1—页面设置、页面背景；2—改变文字的字体；3—段落间距；4—文字输入；6—复制表格、选择性粘贴；7—插入SmartArt图形；8—首字下沉；9—插入图片、图片格式设置；10—保存文件

中等难点：5—分节与页面设置

【题目要求】

在文件夹下打开文档word.docx，按照要求完成下列操作并以文件名（word.docx）保存文档。

为了增强我院大学生对就业形势的认识，掌握求职技巧，实现更好就业，我院招生与就业指导中心将于2022年1月8日（星期六）8：30—11：30在院图书馆3楼多功能报告厅举办题为"毕业，你准备好了吗——大学生职业生涯规划"就业讲座，特别邀请长江大学传媒学院院长、企业高级管理顾问王瑞仲担任演讲嘉宾。

请根据上述活动的描述，利用Microsoft Word，按照下列要求制作一份宣传海报（宣传海报的样式请参考"海报参考样式.docx"文件），要求如下：

1.调整文档版面，要求页面高度为35厘米，页面宽度为27厘米，页边距（上、下）为5厘米，页边距（左、右）为3厘米，并将文件夹下的图片"海报背景图片.jpg"设置为海报背景。

2.根据"海报参考样式.docx"文件，调整海报内容文字的字号、字体和颜色。

3.根据页面布局需要，调整海报内容中"报告题目"、"报告人"、"报告日期"、"报告时间"、"报告地点"信息的段落间距。

4.在"报告人："位置后面输入报告人姓名（王瑞仲）。

5.在"主办：招生与就业指导中心处"位置后另起一页，并设置第2页的页面纸张大小为A4篇幅，纸张方向设置为"横向"，页边距为"普通"页边距定义。

6.在新页面的"日程安排"段落下面，复制本次活动的日程安排表（请参考"活动日程

安排.xlsx"文件),要求表格内容引用 Excel 文件中的内容,如若 Excel 文件中的内容发生变化,Word 文档中的日程安排信息随之发生变化。

7. 在新页面的"报名流程"段落下面,利用 SmartArt,制作本次活动的报名流程(招生与就业指导中心报名、确认坐席、领取资料、领取门票)。

8. 设置"报告人介绍"段落下面的文字排版布局为参考示例文件中所示的样式。

9. 更换报告人照片为文件夹下的 pic2.jpg 照片,将该照片调整到适当位置,并不要遮挡文档中的文字内容。

10. 保存本次活动的宣传海报设计为 word.docx。

【解题步骤】

☞ **第 1 小题**

步骤 1:打开文件夹下的 word.docx。

步骤 2:单击【页面布局】选项卡下【页面设置】组中的扩展按钮。在"页面设置"对话框中的"页边距"选项卡下,把上边距和下边距都设置为"5 厘米",左边距和右边距都设置为"3 厘米"。

步骤 3:切换至"纸张"选项卡下,将"高度"设置为"35 厘米","宽度"设置为"27 厘米",单击"确定"按钮。

步骤 4:单击【页面布局】选项卡下【页面背景】组中的"页面颜色"下拉按钮,选择"填充效果",在"填充效果"对话框中,切换至"图片"选项卡,单击"选择图片"按钮,打开"选择图片"对话框,从文件夹中选择"海报背景图片.jpg",单击"插入"按钮,再单击"确定"按钮。

☞ **第 2 小题**

步骤 1:根据"海报参考样式.docx"文件,选中标题"'毕业,你准备好了吗'就业讲座",单击【开始】选项卡下【字体】组中的扩展按钮,单击"中文字体"下拉按钮,选择"黑体",在"字形"中选择"加粗","字号"选"小初"。单击"字体颜色"下拉按钮,在标准色中选择"红色",单击"确定"按钮。再在【段落】组中单击"居中"按钮。

步骤 2:选中"报告题目"、"报告人"、"报告日期"、"报告时间"、"报告地点"所在的段落,以同样的方法把文字设置为黑体、一号、加粗,并按照海报样式将左右两边的文字颜色分别设置为标准色中的"深蓝"和"蓝色"。

步骤 3:选中"欢迎大家踊跃参加",设置字体为华文行楷、55、标准色中的"蓝色",居中。

步骤 4:选中"主办:招生与就业指导中心",设置字体为黑体、一号、加粗,"主办:"字体颜色设置为标准色中的"深蓝","招生与就业指导中心"字体颜色设置为标准色中的"蓝色"。在【段落】组中单击"文本右对齐"按钮,设置整段文字右对齐。

步骤 5:选中"'毕业,你准备好了吗'就业讲座之大学生职业生涯规划",字体设置为黑体、二号、红色;选中"活动细则",字体设置为黑体、一号、加粗、红色。并将整段文字设置为居中对齐。

步骤6：选中"日程安排"、"报名流程"、"报告人介绍"段落，字体设置为黑体、小二、加粗、标准色中的"深蓝"。

☞ **第3小题**

步骤：选中"报告题目"正文所在的段落，单击【段落】组中的扩展按钮，在"缩进和间距"选项卡下，设置段前间距为3行，段后间距为1.5行。以同样的方式设置"报告人"、"报告日期"、"报告时间"、"报告地点"这些段落段前间距1.5行，段后间距1.5行，设置完成后单击"确定"按钮。

☞ **第4小题**

步骤：在"报告人："位置后面输入"王瑞仲"，并设置其字体属性与上下段文字相同。

☞ **第5小题**

步骤1：将鼠标置于"'毕业，你准备好了吗'就业讲座之大学生职业生涯规划"前，单击【页面布局】选项卡下【页面设置】组中的"分隔符"下拉按钮，选择"分页符"。

步骤2：单击【页面布局】选项卡【页面设置】组中的扩展按钮，切换至"纸张"选项卡，选择"纸张大小"中的"A4"。在"预览"中选择应用于"插入点之后"。切换至"页边距"选项卡，选择"纸张方向"选项下的"横向"选项，单击"确定"按钮。

步骤3：单击【页面设置】组中的"页边距"下拉按钮，选择"普通"选项。

☞ **第6小题**

步骤1：打开"活动日程安排.xlsx"，选中表格中的A2：C6单元格，按Ctrl＋C键复制所选内容。

步骤2：切换到word.docx文件中，将光标置于"日程安排："字样下一行，在【开始】选项卡下单击"粘贴"下拉按钮，选择"链接与保留源格式"。选中整个表格，单击【设计】选项卡，在【表格样式】组中单击"其他"下拉按钮，选择"中等深浅网格3－强调文字颜色5"。

步骤3：单击【布局】选项卡下【单元格大小】组中的扩展按钮，在表格选项卡中将宽度改为25.3厘米，在行选项卡中将高度设置为0.8厘米，行高值是固定值。

☞ **第7小题**

步骤1：将光标置于"报名流程"字样下一行，单击【SmartArt】|【设计】选项卡下【smartArt样式】组中的"SmartArt"按钮，弹出"选择SmartArt图像"对话框，选择"流程"中的"基本流程"。

步骤2：单击"确定"按钮后，选中圆角矩形，然后单击【SmartArt】中【设计】选项卡下【创建图形】组中的"添加形状"下拉按钮，选择"在后面添加形状"，设置完毕后，即可得到与参考样式相匹配的图形。

步骤3：在文本中输入相应的流程名称。

步骤4：选中SmartArt图形，单击SmartArt工具菜单下【设计】组中的"更改颜色"下拉按钮，选择"彩色"中的"彩色－强调文字颜色"，并适当调整SmartArt图形的大小。

☞ **第 8 小题**

步骤1：按照前述同样的方式把"报告人介绍"段落下面的文字字体颜色设置为标准色中的"蓝色"，字号设置为小四。

步骤2：单击【插入】选项卡下【文本】组中"首字下沉"下拉按钮，选择"下沉"，单击"确定"按钮。

☞ **第 9 小题**

步骤1：选中页面下方图片，按 Delete 键删除。

步骤2：将光标定位在合适位置，单击【插入】选项卡下【插图】组中的图片按钮，在目标文件中选择"pic2.jpg"，单击"插入"按钮，在【格式】选项卡下的【排列】组中单击"自动换行"下拉按钮，选择"四周型环绕"。拖动图片，调整图片至适当位置。

☞ **第 10 小题**

步骤：单击"保存"按钮，保存本次的宣传海报设计为"word.docx"文件。

实例二：请柬的制作

本实例教材

【知识点】

基础点：1－素材输入；2－改变文字的字体、段落属性设置；3－插入图片；4－页面设置、页眉

中等难点：5－邮件合并生成新文档

【题目要求】

中国铁路大学自1909年创办以来已经走过了一百年曲折而又辉煌的历史。为总结历史，再创辉煌，学校定于2019年2月18日（星期六）上午9：00，在本校大礼堂举行建校一百周年庆典活动，届时各级领导、学术大师、商业巨子、社会精英与海内外校友将欢聚一堂，共忆难忘岁月，共叙师生情谊，共话科教兴国。

重要客人名录保存在名为"重要客人名录.docx"的 Word 文档中，百年校庆筹备工作领导小组办公室电话为12345678。

根据上述内容制作请柬，具体要求如下：

1.制作一份请柬，以"院长：罗世荣"名义发出邀请，请柬中需要包含标题、收件人名称、庆典时间、地点和邀请人。

2.对请柬进行适当的排版，具体要求：改变字体、加大字号，且标题部分（"请柬"）与正文部分（以"尊敬的×××"开头）采用不同的字体和字号；加大行间距和段间距；对必要的

段落改变对齐方式,适当设置左右及首行缩进,以美观且符合中国人阅读习惯为准。

3.在请柬的左下角位置插入一幅图片(图片自选),调整其大小及位置,不影响文字排列,不遮挡文字内容。

4.进行页面设置,加大文档的上边距;为文档添加页眉,要求页眉内容包含百年校庆筹备工作领导小组办公室的联系电话。

5.运用邮件合并功能制作内容相同、收件人不同(收件人为"重要客人名录.docx"中的每个人,采用导入方式)的多份请柬,要求先将合并主文档以"请柬1.docx"为文件名进行保存,再进行效果预览后生成可以单独编辑的单个文档"请柬2.docx"。

【解题步骤】

☞ 第 1 小题

步骤1:右击鼠标,选择"新建"—"Microsoft Word 文档",修改文件名为"请柬1.docx"。

步骤2:打开文档,按照题意在文档中输入:

> 请柬
> 　　尊敬的×××,您好!
> 　　中国铁路大学自1909年创办以来已经走过了一百年曲折而又辉煌的历史。为总结历史,再创辉煌,学校定于2019年2月18日(星期六)上午9:00,在本校大礼堂举行建校百年庆典活动,届时敬请光临!
> 　　中国铁路大学院长:罗世荣
> 　　二〇一九年二月八日

☞ 第 2 小题

步骤1:选中"请柬"二字,单击【开始】选项卡下【段落】组中的"居中"按钮。在【字体】组中单击"字体"下拉按钮,选择"华文行楷",单击"字号"下拉按钮,选择"一号"

步骤2:选中余下正文,以同样的方式设置字体为华文楷体、四号。

步骤3:选中所有段落,单击【段落】组中的扩展按钮,在段落对话框中设置左、右各缩进0.5字符,段前间距0.5行,1.5倍行间距,单击"确定"按钮。

步骤4:选中正文"中国铁路大学自…敬请光临!"段落,单击【段落】组中的扩展按钮,在段落对话框中设置特殊格式为首行缩进2字符,单击"确定"按钮。

步骤5:选中正文最后两段,在【段落】组中单击"右对齐"按钮。

☞ 第 3 小题

步骤1:将光标定位在适当位置,单击【插入】选项卡下【插图】组中的"图片"按钮,在弹出的"插入图片"对话框中打开文件夹,选择合适的图片,此处我们选择"pic1.jpg",单击"插入"按钮。

步骤2:可在【格式】选项卡的【大小】组中调整图片的大小。

☞ **第4小题**

步骤1:单击【页面布局】选项卡,在【页面设置】组中单击"纸张方向"下拉按钮,选择"横向"。单击"页边距"下拉按钮,选择"自定义页边距"。设置上边距为3厘米,下边距为2厘米,左右边距均为3厘米。单击"确定"按钮。

步骤2:单击【插入】选项卡,在【页眉和页脚】组中单击"页眉"下拉按钮,选择"空白",在页眉处输入百年校庆筹备工作领导小组办公室电话"12345678",单击"关闭页眉和页脚"按钮。

☞ **第5小题**

步骤1:鼠标定位在"尊敬的"后面,删除"×××"。在【邮件】选项卡上的【开始邮件合并】组中,单击"选择收件人"下拉列表,选择"使用现有列表"。在"选取数据源"对话框中,打开文件夹,选择"重要客户名录.docx",单击打开按钮。

步骤2:单击"编辑收件人列表"按钮,单击"确定"按钮。

步骤3:在【编写和插入域】组中,单击"插入合并域"下拉按钮,选择"姓名"。

步骤4:在【完成】组中单击"完成并合并"下拉按钮,选择"编辑单个文档",在弹出的"合并到新文档"对话框中选中"全部",单击"确定"按钮。

步骤5:单击"保存"按钮,将文件保存到文件夹中,文件名为"请柬2.docx",并在"请柬1.docx"中单击"保存"按钮。

实例三:《网购发展现状分析》文档排版

本实例教材

【知识点】

基础点:1—页面设置;3—改变文字的字体、页面背景;4——插入水印;5—段落属性设置;6—页眉;7—文字转换为表格、表格自动套用格式、插入图表设置

中等难点:2—应用样式、插入内置文本框(边线型提要栏)、字体、插入文档部件"域"

【题目要求】

打开文档 word 素材.docx,按照要求完成下列操作并以文件名(word.docx)保存文件。

按照参考样式"参考样式图.jpg"完成设置和制作。

1.设置页边距上、下为3厘米,左、右为2厘米,装订线在上。

2.设置第一段落文字"2021年中国网络购物发展现状分析:仍具有较大的市场潜力"的样式为标题;改变段间距和行间距(间距单位为行);在页面顶端插入"边线型提要栏"文

本框,将第 6 段文字"庞大的网民规模……还会继续强劲。"移入文本框内,设置字体、字号;在该文本的最前面插入类别为"文档信息"、名称为"网络购物"域。

3.根据"参考样式图.jpg"文件,调整文档中标题文字的颜色、加大字号等;并将文件夹下的图片"背景图片.jpg"设置为文档的页面背景图片。

4.设置文字水印页面背景,文字为"中国互联网信息中心",水印版式为斜式。

5.根据页面布局需要,调整文档中各段落首行缩进 2 字符。

6.根据"参考样式图"为文档添加页眉。

7.将文档"附:2016－2020 年中国网络购物用户规模变化"后面的内容转换成 2 列 7 行的表格,为表格设置样式;将表格的数据转换成折线图,插入到文档中"附:2016－2020 年中国网络购物用户规模变化"前面,保存文档。

【解题步骤】

☞ 第 1 小题

步骤 1:打开文档 word 素材.docx,单击【页面布局】选项卡,在【页面设置】组中单击"页边距"下拉按钮,选择"自定义页边距"。

步骤 2:在弹出的"页面设置"对话框中,设置页边距上、下为 3 厘米,左、右为 2 厘米。

步骤 3:单击"装订线位置"下拉按钮,选择"上",单击"确定"按钮。

☞ 第 2 小题

步骤 1:选中第一行文字,单击【开始】选项卡下【样式】组中的"其他"下拉按钮,选择"标题"。

步骤 2:单击【段落】组中的扩展按钮,在弹出的"段落"对话框中,设置段前间距和段后间距均为 0.5 行。单击"行距"下拉按钮,选择"1.5 倍行距"。

步骤 3:将光标定位在文档开头,单击【插入】选项卡,在【文本】组中单击"文本框"下拉按钮,选择"边线型提要栏",将第六段文字"庞大的网民规模……还会继续强劲。"剪切粘贴到文本框中,粘贴时选择"只保留文本"。

步骤 4:选中文本框中文字,适当设置字体字号。

步骤 5:将光标定位到文本框中的文字最前面,单击【插入】选项卡下【文本】组中的"文档部件"下拉按钮,选择"域"。在弹出的"域"对话框中单击"类别"下拉按钮,选择"文档信息",在"新名称"文本框中输入"网络购物",单击"确定"按钮,并按空格键在输入的文字后空出一格。

☞ 第 3 小题

步骤 1:选中标题文字,在【开始】选项卡下,单击【字体】组中的"字体颜色"下拉按钮,在"标准色"中选择红色。单击"增大字体"按钮,适当增大字号。单击【字体】组的扩展按钮,在弹出的对话框中单击"下划线线型"下拉按钮,选择双波浪线,单击"确定"按钮。

步骤 2:单击【页面布局】选项卡,在【页面背景】组中单击"页面颜色"下拉按钮,选择

"填充效果"。在打开的对话框中切换到"图片"选项卡下,单击"选择图片"按钮,选中"背景图片.jpg",单击"插入"按钮,再单击"确定"按钮。

☞ 第 4 小题

步骤1:在【页面布局】选项卡下,单击【页面背景】组中的"水印"下拉按钮,选择"自定义水印"。

步骤2:在弹出的对话框中,选中"文字水印"单选按钮,在"文字"右侧的文本框中输入"中国互联网信息中心",选中"斜式"单选按钮,单击"确定"按钮。

☞ 第 5 小题

步骤1:选中正文,在【页面布局】选项卡下,单击【段落】组中的扩展按钮。在弹出的对话框中单击"特殊格式"下拉按钮,选择"首行缩进",磅值为"2字符",单击"确定"按钮。

步骤2:选中正文第3段中的"首先"和第4段中的"其次",单击【开始】选项卡下【字体】组中的加粗按钮。

☞ 第 6 小题

步骤1:单击【插入】选项卡,在【页眉和页脚】组中单击"页眉"下拉按钮,选择"空白"。

步骤2:在页眉处输入文字"网络购物",单击"关闭页眉和页脚"按钮。

☞ 第 7 小题

步骤1:选中"附:2016－2020年中国网络购物用户规模变化"后面的内容,在【插入】选项卡下单击【表格】组中的"表格"下拉按钮,选择"文本转换成表格",单击"确定"按钮,关闭对话框。

步骤2:在【表格工具】|【设计】选项卡下,单击【表格样式】组中的"其他"下拉按钮,选择"浅色底纹－强调文字颜色4"。

步骤3:选中整个表格,复制表格内容。将光标定位在"附:2016－2020年中国网络购物用户规模变化"上一段,单击【插入】选项卡下【插图】组中的"图表"按钮,选择"折线图",单击"确定"按钮。

步骤4:在打开的Excel中选中A1单元格,粘贴表格数据,调整图表数据区域的大小为A1:B7,关闭Excel文件。

步骤5:单击"保存"按钮,保存文档为word.docx。

实例四：婚帖制作

本实例教材

【知识点】

基础点:1－素材文字输入;2－页面设置;4－文字设置、段落属性设置;5－插入图片;

6－邮件合并生成新文档

中等难点:3－文字双行合一

【题目要求】

周大勇先生和妻子胡晓梅拟定于二○一八年三月五日(星期一)上午 11 时在湖景酒楼 3 号厅(江汉路 66 号)为女儿周红红、女婿吴潇潇举办新婚喜宴,准备邀请亲朋好友参加。重要嘉宾名单保存在名为"宾客邀请名单.docx"的 Word 文档中。

根据上述内容用 Word 制作一份婚帖,具体要求如下:

1.以"父亲周大勇和母亲胡晓梅"名义发出邀请,婚帖中需要包含收件人名称、女儿女婿姓名、婚宴时间、地点和邀请人。

2.设置纸张方向为横向,大小为宽 21.6 厘米、高 18.6 厘米,页边距上为 3 厘米,下为 2.5 厘米,左右均为 3 厘米。

3.将女儿姓名与女婿姓名、父亲姓名与母亲姓名等文字设置成双行合一(参考样例见文件夹下的文件"婚帖.png")。

4.调整文档版面文字的字体、字号、颜色、对齐方式及段落缩进。

5.为文档插入图片 1.jpg(图片在文件夹下),调整其大小及位置,不影响文字排列,不遮挡文字内容。

6.运用邮件合并功能制作内容相同、收件人不同(收件人为"宾客邀请名单.xlsx"中的林虹、王珂、彭丽鑫,采用导入方式)的多份婚帖,要求先将合并主文档以"婚帖.docx"为文件名进行保存,再进行效果预览后生成可以单独编辑的单个文档"婚帖1.docx"。

【解题步骤】

☞ 第 1 小题

步骤 1:右击鼠标,选择"新建"－"Microsoft Word 文档",命名为"婚帖.docx"。

步骤 2:打开文档,在文档中输入:

呈送×××及家人台启

谨定于二○一八年三月五日(星期一)

为女儿:周红红、女婿:吴潇潇举行结婚典礼敬备喜筵

恭请

光临

父亲:周大勇　　母亲:胡晓梅敬邀

席设:湖景酒楼 3 号厅(江汉路 66 号)

时间:上午 11 时

☞ 第 2 小题

单击【页面布局】选项卡下【页面设置】组中的扩展按钮,弹出"页面设置"对话框,在

【页边距】选项卡下,纸张方向选择"横向",设置页边距上为 3 厘米、下为 2.5 厘米,左右均为 3 厘米。在【纸张】选项卡下单击【纸张大小】下拉按钮,选择自定义大小,设置宽为 21.6 厘米、高为 18.6 厘米,点击确定。

☞ **第 3 小题**

分别选定需要双行合一的文字;在【开始】选项卡下,点击【段落】组里面的"中文版式"下拉按钮;选择"双行合一";设定好后,点击确定。

☞ **第 4 小题**

步骤 1:选中整个文字,在【开始】选项卡下【字体】组中设置文字为宋体、一号、加粗。
步骤 2:参照样例图,设置相应的文字颜色为标准色中的橙色或黑色。
步骤 3:适当调整文字"台启"位置。
步骤 4:在【段落】组中设置文字"恭请"左缩进 6 字符,文字"光临"左缩进 12 字符,设置"父亲:周大勇母亲:胡晓梅敬邀"对齐方式为"右对齐"。
步骤 4:适当增大双行合一文字"女儿:周红红、女婿:吴潇潇"、"父亲:周大勇、母亲:胡晓梅"。

☞ **第 5 小题**

步骤 1:将光标定位在文档开头,单击【插入】选项卡下【插图】组中的"图片"按钮,在弹出的【插入图片】对话框中,选择文件夹下的"图片 1.jpg"素材文件,单击"插入"按钮。
步骤 2:选择插入的图片,单击【格式】选项卡下【排列】组中的"自动换行"下拉按钮,选择"衬于文字下方"。
步骤 3:右键单击图片,选择"大小和位置",在弹出的"布局"对话框中,取消勾选"锁定纵横比"复选框,设置"高度"的绝对值为"18.6 厘米","宽度"的绝对值为"21.6 厘米",单击"确定"按钮。拖动图片,使其正好覆盖整个页面。

☞ **第 6 小题**

步骤 1:将光标定位在"呈送"字样后,删除多余文字,在【邮件】选项卡下的【开始邮件合并】组中,单击"选择收件人"下拉列表,选择"使用现有列表"。在"选取数据源"对话框中,打开文件夹,选择"邀请的嘉宾名单.xlsx",单击打开按钮。
步骤 2:在打开的"选择表格"对话框中选中"邀请的嘉宾名单 $"单击"确定"按钮。
步骤 3:单击"编辑收件人列表"按钮,只选中姓名为林虹、王珂、彭丽鑫前面的复选框,单击"确定"按钮。
步骤 4:在【编写和插入域】组中,单击"插入合并域"下拉按钮,选择"姓名"。
步骤 5:在【完成】组中单击"完成并合并"下拉按钮,选择"编辑单个文档",在弹出的"合并到新文档"对话框中选中"全部",单击"确定"按钮。
步骤 6:单击"保存"按钮,将文件保存,文件名为"婚帖 1.docx",并在"婚帖.docx"中单击"保存"按钮。

实例五：《生态环境年报》排版

本实例教材

【知识点】

基础点：1－查找与替换文本；2－页面设置；3－插入文档封面；4－文字转换为表格、表格自动套用格式、插入图表设置；5－在文档中应用样式；6－超链接、插入脚注；7－分栏；8－创建文档目录、分页；10－保存同名的 PDF 文档

重难点：9－为奇偶页创建不同的页眉或页脚、插入页码

【题目要求】

文档"2020 年中国生态环境统计年报（素材）.docx"是一篇从互联网上获取的文字资料，请打开该文档并按下列要求进行排版及保存操作：

1.将文档中的西文空格全部删除。

2.将纸张大小设为 16 开，上边距设为 3.2 厘米、下边距设为 3 厘米，左右页边距均设为2.5 厘米。

3.利用素材前两行内容为文档制作一个封面页，令其独占一页（参考样例见文件"封面样例.png"）。

4.将标题"3.3.1 全国及分源排放情况"下用蓝色标出的段落部分转换为表格，为表格套用一种表格样式使其更加美观。基于该表格数据，在表格下方插入一个饼图，用于反映各分源排放颗粒物所占比例，要求在饼图中仅显示百分比。

5.将文档中以"1."……开头的红色字体段落设为"标题 1"样式；以"1.1"……开头的紫色字体段落设为"标题 2"样式；以"1.1.1"……格式开头的绿色字体段落设为"标题 3"样式；以"1.1.1.1"……开头的橙色字体段落设为"标题 4"样式。

6.为正文末尾的文字"中华人民共和国生态环境部"添加超链接，链接地址为"https：//www.mee.gov.cn/"。同时在"中华人民共和国生态环境部"后添加脚注，内容为"https：//www.mee.gov.cn/"。

7.将除封面页外的所有内容分为两栏显示，但是前述表格及相关图表仍需跨栏居中显示，无需分栏。

8.在封面页与正文之间插入目录，目录要求包含标题第 1－4 级及对应页号。目录单独成页，且无须分栏。

9.除封面页和目录页外，在正文页上添加页眉，内容为文档标题"中国生态环境统计年报"和页码，要求正文页码从第 1 页开始，其中奇数页眉居右显示，页码在标题右侧，偶数页眉居左显示，页码在标题左侧。

10.将完成排版的文档先以原 Word 格式及文件名"中国生态环境统计年报.docx"进

行保存,再另行生成一份同名的 PDF 文档进行保存。

【解题步骤】

☞ **第 1 小题**

步骤 1:打开文件夹下的"2020 年中国生态环境统计年报(素材).docx"。

步骤 2:单击【开始】选项卡下【编辑】组中的"替换按钮",弹出"查找和替换"对话框,在"查找内容"文本框中输入西文空格(英文状态下按空格键),"替换为"文本框内不输入,单击"全部替换"按钮,再单击"确定"按钮,完成后关闭对话框。

☞ **第 2 小题**

步骤 1:单击【页面布局】选项卡下【页面设置】组中的"纸张大小"下拉按钮,选择"16 开"。

步骤 2:单击"页边距"下拉按钮,选择"自定义页边距",在【页边距】选项卡下,设置上边距为 3.2 厘米,下边距为 3 厘米,左右边距均为 2.5 厘米,单击"确定"按钮。

☞ **第 3 小题**

步骤 1:将光标定位在文档开头,单击【插入】选项卡下【页】组的"封面"下拉按钮,选择"年刊型"。

步骤 2:参考"封面样例.png",选中"2020"字样,右键单击,选择"剪切"。选中封面中的"[年]"字样,右键单击,选择"删除内容控件",再将剪切的文字粘贴到该处,粘贴时选择"只保留文本"。以同样的方法粘贴标题内容等,可适当设置字体大小、位置、对齐方式。删除封面中的"摘要、副标题、日期"等多余部分。

步骤 3:将光标定位在封面开头,单击【插入】选项卡下【插图】组中的"图片"按钮,在弹出的【插入图片】对话框中,选择文件夹下的"雾凇图.jpg"素材文件,单击"插入"按钮。

步骤 4:选择插入的图片,单击【格式】选项卡下【排列】组中的"自动换行"下拉按钮,选择"衬于文字下方"。

步骤 5:右键单击图片,选择"大小和位置",在弹出的"布局"对话框中,取消勾选"锁定纵横比"复选框,设置"高度"的绝对值为"26 厘米","宽度"的绝对值为"18.4 厘米",单击"确定"按钮。拖动图片,使其正好覆盖整个页面。

☞ **第 4 小题**

步骤 1:选中标题"3.3.1 全国及分源颗粒物排放情况"下用蓝色标出的段落部分,在【插入】选项卡下的【表格】组中,单击"表格"下拉按钮,选择"文本转换成表格",弹出"将文字转换成表格"对话框,设置列数为"6",单击"确定"按钮,并适当调整单元格的格式。

步骤 2:选中表格前 5 列,按 Ctrl+C 快捷键进行复制。在表格下方空出一段,将光标定位在该处,单击【样式】组中的"其他"下拉按钮,选择"清除格式"。

步骤 3:单击【插入】选项卡下【插图】组中的图表按钮,选择"饼图",单击"确定"按钮。在 Excel 文件中选中 A1 单元格,右键单击,在"粘贴选项"中选择"保留源格式",调整数据区域为 A1:E3,此时单击 Word 文档中【数据】组中的"切换行/列"按钮,关闭 Excel 文件。

步骤 4:选中图表,单击【图表工具】|【布局】选项卡下【标签】组中的"图表标题"下拉按钮,选择"无";单击"数据标签"下拉按钮,选择"其他数据标签选项",弹出"设置数据标签格式"对话框,在"标签选项"中,取消选中"值"和"显示引导线"复选框,选中"百分比"复选框,在"数字"选项中,选中"百分比"复选框,小数位数设为 1,并关闭对话框,完成数据标签的设置。

步骤 5:选中整个表格,单击【表格工具】|【设计】选项卡,在【表格样式】组中选择"中等深浅网格 3—强调文字颜色 6"。

☞ 第 5 小题

步骤 1:按住 Ctrl 键,同时选中文档中以"1."、"2."、"……开头的标红字体段落,单击【开始】选项卡下【样式】组中的"标题 1"。

步骤 2:按住 Ctrl 键,同时选中以"1.1"、"2.1"……格式开头的紫色字体段落,单击【开始】选项卡下【样式】组中的"标题 2"。

步骤 3:以同样方法设置文档的"标题 3"、"标题 4"部分。

☞ 第 6 小题

步骤 1:选中正文末尾的文字"中华人民共和国生态环境部",单击【插入】选项卡下【链接】组中的"超链接"按钮,弹出"插入超链接"对话框,在地址栏中输入"https://www.mee.gov.cn/",单击"确定"按钮。

步骤 2:选中"中华人民共和国生态环境部",单击【引用】选项卡下【脚注】组中的"插入脚注"按钮,在脚注处输入"https://www.mee.gov.cn/"。

☞ 第 7 小题

步骤 1:选中正文中表格及图表上方所有内容,单击【页面布局】选项卡下【页面设置】组中的"分栏"下拉按钮,选择"两栏"。以同样的方法设置表格和图表下方的内容。

步骤 2:选中表格,单击【开始】选项卡下【段落】组中的"居中"按钮,按照同样的方法对饼图进行操作。即可将表格和相关图表跨栏居中显示。

☞ 第 8 小题

步骤 1:将光标定位在正文第 1 页的开始,单击【引用】选项卡下【目录】组中的"目录"下拉按钮,在下拉列表中选择"插入目录",单击"选项",在目录选项中目录级别选择:标题 1,标题 2,标题 3,标题 4,单击"确定"按钮。在弹出的对话框中单击"确定"按钮。

步骤 2:单击【页面布局】选项卡下【页面设置】组中的"分隔符"下拉按钮,选择"下一页"。

步骤 3:选中目录区域,单击【页面设置】组中的"分栏"下拉按钮,选择"一栏"。

步骤 4:单击【引用】选项卡下【目录】组中的"更新目录"按钮,选中"更新整个目录"单选按钮,单击"确定"按钮。

☞ **第 9 小题**

步骤 1:将光标定位在正文的开始,单击【页面布局】选项卡下【分隔符】的下拉按钮,选择"连续"按钮,插入分节符(连续)。

步骤 1:将光标定位在正文的开始,在【插入】选项卡下,单击【页眉和页脚】组中的"页眉"下拉按钮,选择"编辑页眉"。

步骤 2:在【导航】组中取消选中"链接到前一条页眉"按钮,在【选项】组中选中"奇偶页不同"复选框。

步骤 3:将光标定位在正文第 1 页的页眉处,输入题面要求文字。单击"页码"下拉按钮,在"当前位置"中选择"普通数字"。

步骤 4:选中插入的页码,单击【页眉和页脚工具】|【设计】选项卡下页眉和页脚组中的"页码"下拉按钮,选择"设置页码格式"。在弹出的"页码格式"对话框中,调整"起始页码"为 1,单击"确定"按钮。

步骤 5:选中正文第 1 页的整个页眉,单击【开始】选项卡,在【段落】组中单击"文本右对齐"按钮。

步骤 6:将光标定位在正文第 2 页的页眉处,取消选中"链接到前一条页眉"按钮,用同样的方法,按照题面要求,设置偶数页页眉。

步骤 7:以同样的方法,设置其余页眉。

步骤 8:所有页眉设置完成后,单击"关闭页眉和页脚"按钮。并按照第 8 小题步骤 4 的方法更新整个目录。

☞ **第 10 小题**

步骤 1:单击"保存"按钮,保存为"2020 年中国生态环境统计年报.docx"。

步骤 2:单击"文件"选项卡,选择"另存为",弹出"另存为"对话框,文件名不变,设置"保存类型"为"PDF",单击"保存"按钮。

实例六:《网络安全与黑客技术》 文档设置

本实例教材

【知识点】

基础点:1—页面设置;2—在文档中应用样式;3—字体大小、段落属性设置;4—首字下沉;6—插入页码、为奇偶页创建不同的页眉或页脚;7—文字转换为表格;8—文档主题

中等难点:5—创建文档目录、使用分节符分页

【题目要求】

打开文件夹下文档"word(素材).docx",按照要求完成下列操作并以文件名"word.

docx"保存文档。

1. 调整纸张大小为 B5,页边距的左边距为 2 厘米,右边距为 2 厘米,装订线 1 厘米,对称页边距。

2. 将文档中第一行"网络安全与黑客技术"为 1 级标题,文档中黑体字的段落设为 2 级标题,斜体字段落设为 3 级标题。

3. 将正文部分内容设为小四号字,每个段落设为 1.2 倍行距且首行缩进 2 字符。

4. 将正文第一段落的首字"很"下沉 2 行。

5. 在文档的开始位置插入只显示 2 级和 3 级标题的目录,并用分节方式令其独占一页。

6. 文档除目录页外均显示页码,正文开始为第 1 页,奇数页码显示在文档的底部靠右,偶数页码显示在文档的底部靠左。文档偶数页加入页眉,页眉中显示文档标题"网络安全与黑客技术",奇数页页眉没有内容。

7. 将文档最后 6 行转换为 2 列 6 行的表格,倒数第 7 行的内容"关键词中英文对照"作为该表格的标题,将表格及标题居中。

8. 为文档应用一种合适的主题。

【解题步骤】

☞ 第 1 小题

步骤 1:打开文件夹下的 word(素材). docx。

步骤 2:单击【页面布局】选项卡下【页面设置】组中的扩展按钮,弹出"页面设置"对话框。在"页边距"选项卡下设置左右边距均为 2 厘米,装订线为 1 厘米,在"多页"下拉列表中选择"对称页边距"。

步骤 3:切换至"纸张"选项卡,选择"纸张大小"下拉列表中的"B5",单击"确定"按钮。

☞ 第 2 小题

步骤 1:选中第一行"网络安全与黑客技术"文字,单击【开始】选项卡【样式】组中的"标题 1"。

步骤 2:选中文档中的黑体字,单击【开始】选项卡下【编辑】组中的"选择"下拉按钮,选择"选择格式相似的文本",单击【开始】选项卡下【样式】组中的"标题 2"。

步骤 3:选中文档中的斜体字,单击【开始】选项卡下【编辑】组中的"选择"下拉按钮,选择"选择格式相似的文本",单击【开始】选项卡下【样式】组中的"标题 3"。

☞ 第 3 小题

步骤 1:将光标定位在正文处,右键单击【开始】选项卡【样式】组中的"正文",选择"修改"。

步骤 2:在弹出的"修改样式"对话框中,单击字号下拉按钮,选择"小四号"。

步骤 3:单击"格式"下拉按钮,选择"段落"。单击"特殊格式"下拉按钮,选择"首行缩进",磅值为"2字符"。单击"行距"下拉按钮,选择"多倍行距",设置值为"1.2",单击"确定"按钮,再单击"确定"按钮完成修改。

☞ **第 4 小题**

步骤 1:选中正文第一段,在【插入】选项卡下,单击【文本】组的"首字下沉"下拉按钮,选择"首字下沉选项"。

步骤 2:在弹出的"首字下沉"对话框中,在"位置"组中选择"下沉",将"下沉行数"设置为"2"。

☞ **第 5 小题**

步骤 1:将光标定位在"网络安全与黑客技术"最左侧,在【页面布局】选项卡下【页面设置】组中选择"分隔符"下拉按钮,选择"下一页"分节符。

步骤 2:将光标定位在第 1 页的开头,单击【开始】选项卡下【样式】组中的"其他"下拉按钮,选择"清除格式"。

步骤 3:单击【引用】选项卡下【目录】组中的"目录"按钮,选择"插入目录"。

步骤 4:在弹出的"目录"对话框中,单击"选项"按钮,删除目录级别"1",单击"确定"按钮,再单击"确定"按钮完成设置。

☞ **第 6 小题**

步骤 1:将光标定位在正文第一页,单击【插入】选项卡下【页眉和页脚】组中的"页脚"下拉按钮,选择"编辑页脚"。

步骤 2:单击【页眉和页脚工具】|【设计】选项下的"上一节"按钮,将光标定位到第一节页脚处,单击"页脚"下拉按钮,选择"删除页脚"。

步骤 3:单击"下一节"按钮,在【页眉和页脚工具】|【设计】选项下勾选"奇偶页不同"复选框,取消选中"链接到前一条页眉"按钮。

步骤 4:单击"页码"下拉按钮,选择"设置页码格式"。在弹出的对话框中,设置起始页码为 1。再单击"页码"下拉按钮,在"当前位置"中选择"普通数字"。单击【开始】选项卡,在【段落】组中单击"文本右对齐"按钮。

步骤 5:在正文第 2 页页眉处取消选中"链接到前一条页眉"按钮,输入"网络安全与黑客技术"。在页脚处按照同样的方法设置页码为"2"左对齐。

步骤 6:设置完成后,单击"关闭页眉和页脚"按钮。

☞ **第 7 小题**

步骤 1:选中文档最后 6 行文字,单击【插入】选项卡下【表格】组中的"表格"下拉按钮,选择"文本转换成表格"。

步骤 2:在弹出的"将文字转化为表格"对话框中,选中"文字分隔位置"中的"空格"单选按钮。设置列数为"2",设置好后单击"确定"按钮,并按照需要对表格中的文字进行适当调整。

步骤 3:选中表格,单击【开始】选项卡下【段落】组中"居中"按钮。

步骤 4:选中表格标题,单击【开始】选项卡下【段落】组中"居中"按钮。

☞ **第 8 小题**

步骤 1:单击【页面布局】选项卡下【主题】组中"主题"按钮,在弹出的下拉列表中选择一个合适的主题。

步骤 2:单击【文件】选项卡下的【另存为】按钮,以文件名(word.docx)保存文档。

实例七：会议邀请函制作

本实例教材

【知识点】

基础点:1－文字转换为表格;2－表格自动套用格式;3－文档部件库;4－调整日期为自动更新;5－邮件合并;6－生成单个邮件;7－保存文件

【题目要求】

汕头音响展组委会将于 2021 年 12 月 3 日下午 2:00—5:00 在汕头帝豪酒店四楼会佳厅举办"首届数字音乐播放器发展高峰论坛",请制作会议邀请函,并寄送给相关的嘉宾。

现在,请你按照如下需求,在 word(素材).docx 文档中完成制作工作。

1.将文档中"会议议程:"段落后的 7 段文字转换为 4 列、7 行的表格,并根据内容自动调整表格列宽。

2.为制作完成的表格套用一种表格样式,使表格更加美观。

3.为了可以在以后的邀请函制作中再利用会议议程内容,将文档中的表格内容保存至"表格"部件库,并将其命名为"会议议程"。

4.将文档末尾处的日期调整为可以根据邀请函生成日期而自动更新的格式,日期格式显示为"2022 年 1 月 29 日"。

5.在"尊敬的"文字后面,插入拟邀请的嘉宾姓名和称谓。拟邀请的嘉宾姓名在"通信录.xlsx"文件中,嘉宾称谓则根据嘉宾性别自动显示为"先生"或"女士",例如"叶云川(先生)"、"冯礼慈(女士)"。

6.每个嘉宾的邀请函占 1 页内容,且每页邀请函中只能包含 1 位嘉宾姓名,所有的邀请函页面另外保存在一个名为"邀请函.docx"文件中。如果需要,删除"邀请函.docx"文件中的空白页面。

7.文档制作完成后,分别保存为"word.docx"文件和"邀请函.docx"文件。

【解题步骤】

☞ **第 1 小题**

步骤 1：打开文件夹下的"word(素材).docx"素材文件。

步骤 2：选中"会议议程"文字下方的 7 段文字，单击【插入】选项卡下【表格】组中的"表格"下拉按钮，选择"文本转换成表格"，单击"确定"按钮。

步骤 3：单击【布局】选项卡，在【单元格大小】组中单击"自动调整"下拉按钮，选择"根据内容自动调整表格"。

☞ **第 2 小题**

步骤：单击【设计】选项卡，在【表格样式】组中选择"中等深浅底纹 1－强调文字颜色 3"。

☞ **第 3 小题**

步骤 1：选中整个表格，单击【插入】选项卡下【文本】组中的"文档部件"按钮，在弹出的下拉列表中选择"将所选内容保存到文档部件库"命令。

步骤 2：在打开的"新建构建模块"对话框中将"名称"设置为"会议议程"，在"库"下拉列表项选择表格，单击"确定"按钮。

☞ **第 4 小题**

步骤：选中"2010 年 9 月 28 日"，单击【插入】选项卡下【文本】组中的"日期和时间"按钮，在弹出的对话框中将"语言(国家/地区)"设置为"中文(中国)"，在"可用格式"中选择与"2022 年 1 月 29 日"相同的格式，勾选"自动更新"单击"确定"按钮。

☞ **第 5 小题**

步骤 1：把鼠标定位在"尊敬的："文字之后，在【邮件】选项卡下【开始邮件合并】组中，单击"选择收件人"下拉按钮，选择"使用现有列表"。在"选取数据源"对话框中，打开文件夹，选择"通讯录.xlsx"，单击打开按钮。

步骤 2：在"选择表格"对话框中，选中"通讯录 $"，单击"确定"按钮。

步骤 3：在【编写和插入域】组中，单击"插入合并域"下拉按钮，选择"姓名"。

步骤 4：在【编写和插入域】组中，单击"规则"下拉按钮，选择"如果...那么...否则..."。在弹出的对话框中，单击"域名"下拉按钮，选择"性别"，在"比较对象"文本框中输入"男"，在"则插入此文字"文本框中输入"(先生)"，在"否则插入此文字"文本框中输入"(女士)"，单击"确定"按钮。

步骤 5：选中"尊敬的"字样，双击【开始】选项卡下【剪贴板】组中的格式刷按钮，再选中"(先生)"字样，选中之后单击取消格式刷。

☞ **第 6 小题**

步骤 1：在【邮件】选项卡下的【完成】组中单击"完成并合并"下拉按钮，选择"编辑单个文档",在弹出的"合并到新文档"对话框中选中"全部",单击"确定"按钮。

步骤 2:单击"保存"按钮,在弹出的"另存为"对话框中输入文件名"邀请函.docx",单击"保存"按钮。

☞ 第 7 小题

步骤:单击 Word 应用程序右上角的"关闭"按钮,关闭 Word 应用程序,并保存所提示的文件为"word.docx"。

实例八:《云会议软件应用》书稿排版

本实例教材

【知识点】

基础点:1－页面设置;3－查找与替换文本;4－题注设置;5－表格;6－创建文档目录、使用分节符分页;8－插入水印

重难点:2－多级列表设置;7－页眉页脚页码

【题目要求】

请按下列要求帮助某出版社夏编辑对一篇有关云会议软件应用的书稿"云会议(素材).docx"进行排版操作并按"云会议.docx"文件名进行保存:

1.按下列要求进行页面设置:纸张大小 16 开,对称页边距,上边距 2.5 厘米、下边距 2 厘米,内侧边距 2.5 厘米、外侧边距 2 厘米,装订线 1 厘米,页脚距边界 1.0 厘米。

2.书稿中包含三个级别的标题,分别用"(一级标题)"、"(二级标题)"、"(三级标题)"字样标出。按下列要求对书稿应用样式、多级列表、并对样式格式进行相应修改。

3.样式应用结束后,将书稿中各级标题文字后面括号中的提示文字及括号"(一级标题)"、"(一级标题)"、"(三级标题)"全部删除。

4.书稿中有若干表格及图片,分别在表格上方和图片下方的说明文字左侧添加形如"表 1-1"、"表 2-1"、"图 1-1"、"图 2-1"的题注,其中连字符"－"前面的数字代表章号、"-"后面的数字代表图表的序号,各章节图和表分别连续编号。添加完毕,将样式"题注"的格式修改为仿宋、小五号字、居中。

5.在书稿中用红色标出的文字的适当位置,为前两个表格和前三个图片设置自动引用其题注号。为第 2 张表格"表 2－2 编辑会议参数说明表"套用一个合适的表格样式、保证表格第 1 行在跨页时能够自动重复、且表格上方的题注与表格总在一页上。

6.在书稿的最前面插入目录,要求包含标题第 1－3 级及对应页号。目录、书稿的每一章均为独立的一节,每一节的页码均以奇数页为起始页码。

7.书稿页码使用阿拉伯数字(1、2、3⋯⋯)且各章节间连续编号。除每章首页不显示

页码外,其余页面要求奇数页页码显示在页脚右侧,偶数页页码显示在页脚左侧。

8.将文件夹下的图片"向日葵.jpg"设置为本文稿的水印,水印处于书稿页面的中间位置、图片增加"冲蚀"效果。

【解题步骤】

☞ **第1小题**

步骤1:打开文件夹下的"云会议(素材).docx"文件。

步骤2:单击【页面布局】选项卡下【页面设置】组中的扩展按钮,在"页边距"选项卡下,单击"页码范围"组中"多页"下拉按钮,选择"对称页边距"。设置上边距为2.5厘米、下边距为2厘米,内侧边距为2.5厘米、外侧边距为2厘米,"装订线"设置为1厘米。

步骤3:切换至"纸张"选项卡,将"纸张大小"设置为16开。

步骤4:切换至"版式"选项卡,将"页眉和页脚"组下距边界的"页脚"设置为1.0厘米,单击"确定"按钮。

☞ **第2小题**

步骤1:单击【开始】选项卡下【段落】组中的"多级列表"下拉按钮,选择"定义新的多级列表"。

步骤2:在弹出的对话框中,单击"更多"按钮。

步骤3:在"单击要修改的级别"中选择"1",单击"将级别链接到样式"下拉按钮,选择"标题1",在"输入编号格式"文本框中"1"的左侧输入"第",右侧输入"章"。

步骤4:在"单击要修改的级别"中选择"2",单击"将级别链接到样式"下拉按钮,选择"标题2",在"输入编号格式"文本框中将"1.1"改为"1-1"。

步骤5:在"单击要修改的级别"中选择"3",单击"将级别链接到样式"下拉按钮,选择"标题3",在"输入编号格式"文本框中将"1.1.1"改为"1-1-1"。

步骤6:在"位置"组中将"文本缩进位置"修改为与标题2的缩进位置相同,单击"确定"按钮。

步骤7:右键单击【开始】选项卡下【样式】组中的"标题1",选择"修改"。

步骤8:在弹出的"修改样式"对话框中,单击"格式"组中的"字体"下拉按钮,选择"黑体";单击"字号"下拉按钮,选择"小二";取消选中"加粗"按钮。

步骤9:单击"格式"下拉按钮,选择"段落",在弹出的"段落"对话框中,设置段前间距为1.5行,段后间距为1行,单击"行距"下拉按钮,选择"最小值",设置值为"12磅"。单击"对齐方式"下拉按钮,选择"居中"。单击"确定"按钮,完成设置。

步骤10:按照题面要求,以同样的方法修改样式"标题2"、"标题3"和"正文"。

步骤11:选中用"(一级标题)"标出的字样,单击"标题1";选中用"(二级标题)"标出的字样,单击"标题2";选中用"(三级标题)"标出的字样,单击"标题3"。

☞ **第 3 小题**

步骤 1：单击【开始】选项卡下【编辑】组中的"替换"按钮，弹出"查找与替换"对话框，在"查找内容"文本框中输入"（一级标题）"，"替换为"文本框中不输入，单击"全部替换"按钮。

步骤 2：按上述同样的操作方法删除"（二级标题）"和"（三级标题）"。

☞ **第 4 小题**

步骤 1：将光标插入到表格上方说明文字左侧，单击【引用】选项卡下【题注】组中的"插入题注"按钮，在打开的对话框中单击"新建标签"按钮，在弹出的对话框中输入"标签"名称为"表"，单击"确定"按钮，返回到之前的对话框中，将"标签"设置为"表"，然后单击"编号"按钮，在打开的对话框中，勾选"包含章节号"，将"章节起始样式"设置为"标题 1"，"使用分隔符"设置为"-（连字符）"，单击"确定"按钮，返回到之前的对话框后单击"确定"按钮（给图表添加题注时，需要新建标签：图）。

步骤 2：将光标插入至下一个表格上方说明文字左侧，可以直接在【引用】选项卡下【题注】组中单击"插入题注"按钮，在打开的对话框中，单击"确定"按钮，即可插入题注内容。以同样的方法插入其余题注（设置前两个表格和前三个图片即可）。

步骤 3：单击【开始】选项卡下【样式】组右侧的下拉按钮，在打开的"样式"窗格中选中"题注"样式，并单击鼠标右键，在弹出的快捷菜单中选择"修改"，即可打开"修改样式"对话框，在"格式"组下选择"仿宋"、"小五"，单击"居中"按钮。

☞ **第 5 小题**

步骤 1：将光标插入到被标红文字的合适位置，此处以第一处标红文字为例，将光标插入到"如"字的后面，单击【引用】选项卡下【题注】组中的"交叉引用"按钮，在打开的对话框中，将"引用类型"设置为表，"引用内容"设置为只有标签和编号，在"引用哪一个题注"下选择"图 2-1 登录"，单击"插入"按钮，再单击"关闭"按钮。

步骤 2：使用同样方法在其他标红文字的适当位置，设置自动引用题注号。

步骤 3：选择"表 2-2 编辑会议参数说明表"，在【设计】选项卡下【表格样式】组为表格套用一个样式。

步骤 4：鼠标定位在表格中标题行，单击【布局】选项卡下【表】组中的"属性"按钮，在弹出的对话框中切换到"行"选项卡下，勾选"在各页顶端以标题行形式重复出现"复选框，单击"确定"按钮。选中题注，并单击鼠标右键，选择"段落"再切换到"换行和分页"选项卡，在"换行和分页"里面勾选"与下段同页"，单击"确定"按钮。

☞ **第 6 小题**

步骤 1：根据题意要求将光标插入到第 1 页一级标题的左侧，单击【页面布局】选项卡下【页面设置】组中的"分隔符"按钮，在下拉列表中选择"下一页"。使用同样的方法为其他的章节分节，使每一章均为独立的一节。

步骤 2：将光标插入到第 1 页中，单击【开始】选项卡中【样式】组的下拉按钮，选择"清除格式"。

步骤3:单击【引用】选项卡下【目录】组中的"目录"下拉按钮,在下拉列表中选择"插入目录",单击"选项",在目录选项中目录级别选择:标题1,标题2,标题3,单击"确定"按钮。在弹出的对话框中单击"确定"按钮。

步骤4:将光标定位在目录页,单击【页面布局】选项卡下【页面设置】组中的扩展按钮,在"版式"选项卡下设置"节的起始位置"为"奇数页",单击"确定"按钮。

步骤5:按照同样的方法设置其余节。

☞ **第7小题**

步骤1:双击正文第1页页脚处,在【设计】选项卡下勾选"奇偶页不同"复选框,取消选中"链接到前一条页眉"按钮,单击"页码"下拉按钮,选择"当前位置"中的"普通数字"。勾选"首页不同"复选框。

步骤2:将光标定位到正文第2页页脚处,取消选中"链接到前一条页眉"按钮,单击"页码"下拉按钮,选择"当前位置"中的"普通数字"。

步骤3:将光标定位到下一章的首页,勾选"首页不同"复选框。以同样的方法设置正文其他章首页不同。

步骤4:设置奇数页页码和偶数页页码的对齐方式。设置完成后,单击"关闭页眉和页脚"按钮。

☞ **第8小题**

步骤1:将光标定位到文稿中,单击【页面布局】选项卡下【页面背景】组中的"水印"下拉按钮,在下拉列表中选择"自定义水印",在打开的对话框中选择"图片水印"选项,然后单击"选择图片"按钮,在打开的对话框中,选择文件夹中的素材"向日葵",单击"插入"按钮,返回之前的对话框中,勾选"冲蚀"复选框,单击"确定"按钮。

步骤2:单击"保存"按钮,在弹出的"另存为"对话框中输入文件名"云会议.docx",单击"保存"按钮。

实例九:《手机市场占比排行》资讯排版

本实例教材

【知识点】

基础点:1—另存为;2—页面设置;3—修改样式;4—设置字体、段落属性设置;5—查找和替换、删除文档中的空行;7—插入图片、图片格式

重难点:6—插入图表设置

【题目要求】

某百家号创作者王同学准备发布一篇有关手机市场份额排名的文章,请你按照如下要求帮助完成文稿的排版工作:

1.打开"word 素材.docx"文件,将其另存为"word.docx",之后所有的操作均在"word.docx"文件中进行。

2.设置页面的纸张大小为 A4 幅面,页边距上、下为 3.2 厘米,左、右为 2.5 厘米,设置每页行数为 40 行。

3.将文档题目格式赋予到本文档样式库中的"标题",修改"标题"样式,设置其字体为微软雅黑,段前间距为 1.5 行、段后间距为 0.5 行。

4.修改文档样式库中的"正文"样式,使得文档中所有正文字号为五号,段落首行缩进 2 个字符,段前间距为 1 行、段后间距为 0.5 行。

5.删除文档中的所有空行。

6.基于文档中的"2017-2021 年 5 大品牌智能手机市场收入"表格数据,在该表格下方,生成一张如示例文件"chart.png"所示的图表,插入到表格后的空行中,并将图表调整到与文档页面宽度相匹配,居中显示。完成后删除原表格及表格标题。

7.参照"样式图.png"为文档插入对应的手机图片(图片在素材文件夹下),适当调整图片的大小和位置,并不要遮挡文档中的文字内容。

【解题步骤】

☞ **第 1 小题**

步骤 1:打开文件夹下的"word 素材.docx"文件。

步骤 2:选择【文件】选项卡,在下拉列表中单击【另存为】,弹出【另存为】对话框,在文件名中输入"word.docx",保存到文件下,单击"确定"按钮。

☞ **第 2 小题**

步骤 1:在【页面布局】选项卡下单击【页面设置】组中的扩展按钮,弹出"页面设置"对话框。在对话框中的"页边距"选项卡下,将上下左右边距分别设为 3.2 厘米、3 厘米、2.5 厘米、2.5 厘米。

步骤 2:切换至"纸张"选项卡,单击"纸张大小"下拉按钮,选择 A4。切换至"文档网格"选项卡,在【网格】组中勾选"只指定行网格"单选按钮,在【行数】组中将"每页"设为"40"行,然后单击"确定"按钮。

☞ **第 3 小题**

步骤 1:将光标定位在文档标题前,单击【开始】选项卡,在【样式】选项组中单击扩展按钮,单击"标题"下拉按钮,选择"更新标题以匹配所选内容"。

步骤 2:再次单击下拉按钮,选择"修改"。在弹出的"修改样式"对话框中,设置字体为微软雅黑。

步骤3:单击"格式"下拉按钮,选择"段落"。在弹出的"段落"对话框中,设置段前间距为1.5行、段后间距为0.5行,单击"确定"按钮。

☞ 第4小题

步骤1:将光标定位在正文处,在【样式】组中右键单击"正文"样式,选择修改。

步骤2:在"修改样式"对话框中单击"格式"下拉按钮,选择"字体",设置字号为五号,单击"确定"按钮。

步骤3:在"段落"对话框中单击"特殊格式"下拉按钮,选择"首行缩进",磅值为"2字符",设置段前间距为1行、段后间距为0.5行,设置完成后,单击"确定"按钮。

☞ 第5小题

选中整个文档内容,在【开始】选项卡下单击【编辑】组中的"替换"按钮,在弹出的"查找和替换"对话框中将光标定位到"查找内容"文本框,删除"查找内容"文本框中的内容,单击"更多"按钮,单击"特殊格式"下拉按钮,选择"段落标记"。再次单击"特殊格式"按钮,选择"段落标记"。将光标定位到"替换为"文本框,单击"特殊格式"下拉按钮,选择"段落标记"。单击全部替换按钮,完成替换后,单击"关闭"按钮。

☞ 第6小题

步骤1:鼠标定位在"2017—2021年5大品牌智能手机市场收入"表格下方,在【插入】选项卡【插图】选项组中单击【图表】按钮,弹出【插入图表】对话框,选择【柱形图】中的"堆积柱形图",并设置图表居中,单击"确定"按钮。

步骤2:将表格数据复制到堆积柱形图的数据表里,并调整图表数据区域的大小,关闭Excel表格。

步骤3:选中柱形图,切换到【图表工具】下的【布局】选项卡,在【标签】选项组中单击【数据标签】下拉按钮,在弹出的下拉列表中选择"居中"。单击【图例】下拉按钮,在下拉列表中选择【在底部显示图例】。

步骤4:右键选中柱形图最上面的"合计"系列条形图,选择"设置数据标签格式",在【标签选项】下,选择"标签位置"为"轴内侧";选择"设置数据系列格式",在【系列选项】下,单击"填充"选项卡,勾选"无填充",单击"边框颜色"选项卡,勾选"无线条"。单击"图例项",选择整个图例项,再次单击选择其中的"合计"系列图例项,按Delete键删除。

步骤5:右键单击左侧纵坐标轴,选择"设置坐标轴格式"。在对话框中的"坐标轴选项"中,选中最小值的"固定"单选按钮,在文本框中输入10;选中最大值的"固定"单选按钮,在文本框中输入500;选中主要刻度单位的"固定"单选按钮,在文本框中输入10。"主要刻度线类型"、"坐标轴标签"都选择"无"。在"线条颜色"选项中,选择"无线条"。单击"关闭"按钮。

步骤6:在【坐标轴】选项组中单击"网格线"下拉按钮,选择"主要横网格线"为"无"。

步骤7:右键选择"合计系列2017数据标签",在弹出的【字体】选项卡下,手动修改值为 390B。以同样的方式修改 2018 合计系列数据标签值、2019 合计系列数据标签值、2020 合计系列数据标签值、2021 合计系列数据标签值分别为 410B、405B、382B、448B。

步骤 7:右键单击"苹果系列数据标签",在弹出的【字体】选项卡,设置字体颜色为白色。以同样的方式修改 vivo 系列数据标签、Xiaomi 系列数据标签、OPPO 系列数据标签字体颜色为白色。

步骤 8:右键单击选中"苹果"条形图,选择"设置数据系列格式"。在弹出的对话框中"系列选项"下,选择"填充"选项卡下"纯色填充",单击"颜色"下拉按钮,按照示例文件 chart.png,选择黑色。以同样的方式设置 vivo 条形图、Xiaomi 条形图、OPPO 条形图、Samsung 条形图的颜色。右键单击选中"Others"条形图,选择"设置数据系列格式"。在弹出的对话框中"系列选项"下,选择"填充"选项卡下"图案填充",参照示例文件 chart.png,选择恰当的图案。

步骤 9:选中图表,单击【布局】选项卡下的"图表标题"下拉按钮,选择"图表上方",并输入标题名称:2017－2021 年 5 大品牌智能手机市场收入(单位:十亿美元)。选中标题文字,在【开始】选项卡下的【字体】组中设置其字号大小,并拖动到与示例文件 chart.png 相同的位置。

步骤 10:调整图表位置与大小,使其与文档页面宽度相匹配。

步骤 11:删除柱形图表上方的多余的表格及该表标题。

☞ **第 7 小题**

步骤 1:参照"样式图.png",将光标定位到合适的位置,在【插入】选项卡下的【插图】组中单击"图片"按钮,在弹出的对话框中选择文件夹下的"iPhone13 Pro Max.png"图片,单击"插入"按钮。在【图片工具】|【格式】选项卡下,单击【排列】组中的"自动换行"下拉按钮,选择"四周型环绕",适当调整图片大小,拖动图片,调整位置。

步骤 2:以同样的方法插入其他手机图片。保存文档。

实例十:《中国古代史》教程编排

本实例教材

【知识点】

基础点:1－另存为;2－页面设置;3－在文档中应用样式;4－使用分节符分页;5－插入图片;6－插入文档封面;7－插入页码;8－创建文档目录

【题目要求】

小张是某科学出版社新入职的编辑,主编刚派给她关于《中国古代史》教材的编排任务。请你根据文件夹下"《中国古代史》－初稿.docx"和相关图片文件的素材,帮助小张完

成编排任务,具体要求如下:

1.依据初稿文件,将教材的正式稿命名为"《中国古代史》－正式稿.docx",并保存于文件夹下。

2.设置页面的纸张大小为 A4 幅面,页边距上、下为 3 厘米,左、右为 2.5 厘米,设置每页行数为 44 行。

3.教材内容的所有章节标题均设置为单倍行距,段前、段后间距 0.5 行。其他格式要求为:章标题(如"第 1 章 史前时期:中国境内人类的活动")设置为"标题 1"样式,字体为三号、黑体;节标题(如"1.1 中国早期人类的代表——北京人")设置为"标题 2"样式,字体为四号、黑体;小节标题(如"1.1.1 我国境内的最早人类")设置为"标题 3"样式,字体为小四号、黑体。前言、目录、附录的标题参照章标题设置。除此之外,其他正文中的中文字体设置为宋体,五号字,段落格式为单倍行距,首行缩进 2 字符。

4.将封面、前言、目录、教材正文的每一章、附录均设置为 Word 文档中的独立一节。

5.将文件夹下的"人类进化示意图.jpg"和"北京人复原图像.jpg"图片文件,依据图片内容插入到正文的相应位置。图片下方的说明文字设置为居中,小五号、黑体。

6.根据"教材封面样式.jpg"的示例,为教材制作一个封面,图片为文件夹下的"封面背景图片.jpg",将该图片文件插入到当前页面,设置该图片为"衬于文字下方",调整大小使之正好为 A4 幅面。

7.为文档添加页码,编排要求为:封面、前言无页码,目录页页码采用小写罗马数字,正文和附录页码采用阿拉伯数字。正文的每一章以奇数页的形式开始编码,第一章的第一页页码为"1",之后章节的页码编号续前节编号,附录页续正文页页码编号。页码设置在页面的页脚中间位置。

8.在目录页的标题下方,以"自动目录 1"方式自动生成本教材的目录。

【解题步骤】

☞ **第 1 小题**

步骤 1:打开文件夹下的"《中国古代史》－初稿.docx"素材文件。

步骤 2:单击【文件】选项卡下的"另存为"按钮,弹出【另存为】对话框,在该对话框中将"文件名"设为"《中国古代史》－正式稿.docx",单击"保存"按钮,将其保存于文件夹下。

☞ **第 2 小题**

步骤 1:单击【页面布局】选项卡－【页面设置】选项组中的扩展按钮,弹出【页面设置】对话框,在【页边距】选项卡中,将页边距的"上"和"下"设为 3 厘米,"左"和"右"设为 2.5 厘米。

步骤 2:切换到【纸张】选项卡,将"纸张大小"设为 A4。

步骤 3:切换到【文档网格】选项卡,在【网格】组中勾选"只指定行网格"单选按钮,在【行数】组中将"每页"设为"44"行,然后单击"确定"按钮。

☞ 第 3 小题

步骤 1：选中"附录"红色字样，单击【开始】选项卡下【编辑】组中的"选择"下拉按钮，选择"选定所有格式类似的文本"。单击【样式】组的扩展按钮，在弹出的"样式"对话框中单击"标题 1"的下拉按钮，选择"更新标题 1 以匹配所选内容"，再次单击下拉按钮，选择"修改"。在弹出的"修改样式"对话框中，设置字体为黑体，字号为三号，字体颜色为自动。单击"格式"下拉按钮，选择"段落"。在弹出的"段落"对话框中，设置段前间距和段后间距均为 0.5 行，行距设置为单倍行距，单击"确定"按钮。

步骤 2：按照题面要求，以同样的方法设置绿色的节标题、紫色的小节标题以及正文。

☞ 第 4 小题

步骤 1：将光标定位在"前言"文字的前面，单击【页面布局】选项卡－【页面设置】选项组中的【分隔符】下拉按钮，在弹出的下拉列表中执行【下一页】命令，即可将封面设置为独立的一节。

步骤 2：使用同样的方法，将前言、目录、附录均设置为 Word 文档中的独立一节。

步骤 3：将光标定位在教材正文的每一章的前面，单击【页面布局】选项卡－【页面设置】选项组中的【分隔符】下拉按钮，在弹出的下拉列表中执行【奇数页】命令，即可将每一章设置为下一奇数页上独立的一节。

☞ 第 5 小题

步骤 1：在正文的相应位置，删除黄色文字。单击【插入】选项卡【插图】选项组中的【图片】按钮，弹出【插入图片】对话框，选择文件夹下的素材图片"人类进化示意图.jpg"，单击【插入】按钮。

步骤 2：使用同样的方法在对应位置插入图片"北京人复原图像"，并适当调整图片大小位置。

步骤 3：选择图片下方的说明文字，在【开始】选项卡下，将字体设为"黑体"，字号设为"小五"，并在【段落】选项组中单击"居中"按钮。

步骤 4：同样调整文中其他图片大小位置，图片下方的说明文字设为黑体，小五号，居中显示。

☞ 第 6 小题

步骤 1：光标定位在"高等职业教育标准实验教科书"文字之前，单击【插入】选项卡【插图】选项组中的"图片"按钮，在弹出的【插入图片】对话框中，选择"封面背景图.jpg"素材文件，单击"插入"按钮。

步骤 2：选择插入的图片，单击【格式】选项卡下【排列】组中的"自动换行"下拉按钮，选择"衬于文字下方"。

步骤 3：右键单击图片，选择"大小和位置"，在弹出的"布局"对话框中，取消勾选"锁定纵横比"复选框，设置"高度"的绝对值为"29.7 厘米"，"宽度"的绝对值为"21 厘米"，单击"确定"按钮。拖动图片，使其正好覆盖整个页面。

步骤4：参考"教材封面样式"，设置封面文字的字体、字号及位置。

☞ **第7小题**

步骤1：将鼠标定位在目录页，单击【插入】选项卡下【页眉和页脚】组中的"页码"下拉按钮，选择"删除页码"，再次单击"页码"下拉按钮，在"页面底端"中选择"普通数字2"。在【导航】组中，取消选中"链接到前一条页眉"。单击"页码"下拉按钮，选择"设置页码格式"，在"编号格式"下拉按钮中选择小写罗马数字，起始页码为i，单击"确定"按钮。

步骤2：光标定位在第2页页脚，单击"页码"下拉按钮，选择"删除页码"。

步骤3：光标定位在第1章正文的首页，单击"页码"下拉按钮，选择"删除页码"。选择"设置页码格式"，在弹出的对话框中选中"起始页码为1"单选按钮，单击"确定"按钮。

步骤4：光标定位在第2章正文的首页，单击"页码"下拉按钮，选择"设置页码格式"，在弹出的对话框中选中"续前节"单选按钮，单击"确定"按钮。

步骤5：按照同样的方法为其他节设置页码，设置完毕后，单击"关闭页眉和页脚"按钮。

☞ **第8小题**

步骤1：光标放于目录页需要删除的文字前，单击【引用】选项卡【目录】选项组中的【目录】下拉按钮，在弹出的下拉菜单中选择【自动目录1】，即可自动生成目录，并删除多余内容。

步骤2：单击"保存"按钮，保存文件。

实例十一：《搜索引擎使用情况报告》排版

本实例教材

【知识点】

基础点：1—另存为；2—页面设置、页脚边界设置；3—多级列表设置、样式应用与修改；4—添加脚注；5—插入图片、题注与交叉引用；7—设计封面；8—自动目录；10—项目符号、目录更新

重难点：6—创建图表；9—分节与页码、"章标题"域

【题目要求】

1.打开文件夹下的文档"word素材.docx"，将其另存为"2019年中国网民搜索引擎使用情况研究报告.docx"，后续操作均基于此文件。

2.按下列要求进行页面设置：纸张大小A4，对称页边距，上、下边距各2.5厘米，内侧边距2.5厘米、外侧边距2厘米，装订线1厘米，页眉、页脚均距边界1.1厘米。

3.文稿中包含 3 个级别的标题,其文字分别用不同的颜色显示。按下述要求对书稿应用样式、样式格式进行修改。

红色字体部分为第一层标题,大纲级别 1 级,样式为标题 1,字体为华文中宋,字号小二,字体颜色为深蓝,居中。段前间距为 1.5 行,段后间距为 1 行,段落行距最小值 12 磅。

蓝色字体部分为第二层标题,大纲级别 2 级,样式为标题 2,字体为华文中宋,字号小三,字体颜色,深蓝,左对齐。段前间距为 1 行,段后间距为 0.5 行,行距最小值 12 磅。

绿色字体部分为第三层标题,大纲级别 3 级,样式为标题 3,字体为华文中宋,字号小四,字体颜色为深蓝,加粗,左对齐。段前间距为 12 磅,段后间距为 6 磅,行距最小值 12 磅。

正文大纲级别为正文文本,两端对齐。字体中文为仿宋,西文为 Times New Roman,字号为五号,首行缩进 2 字符,段落间距段前位 6 磅,段后为 0,行距为多倍行距,设置值为 1.25。

4.为书稿中用黄色底纹标出的文字"信息流服务"添加脚注,脚注位于页面底部,编号格式为①、②……内容为"信息流服务:此处主要指出现在手机端搜索引擎首页的文字、图片或视频内容。"。

5.将考试文件夹下的图片 pic1.png 插入到书稿中用浅绿色底纹标出的文字"搜索引擎用户使用体验"上方的空行中,在说明文字"搜索引擎用户满意度图示"左侧添加题注,添加完毕,将样式"题注"的格式修改为楷体、小五号字、居中。在图片上方用浅绿色底纹标出的文字的适当位置引用该题注。

6.根据报告摘要中的表 1 内容生成一张如示例文件 chart.png 所示的图表,插入到表格后的空行中,并居中显示。要求图表的标题、纵坐标轴和折线图的格式和位置与示例图相同。

7.参照示例文件"结果示例 1.png",为文档设计封面、并对内容简介进行适当的排版。封面和内容简介必须位于同一节中,且无页眉页脚和页码。封面上的图片可取自文件下的文件 logo.jpg,并应进行适当的剪裁。

8.在内容简介和报告摘要之间插入自动目录,要求包含标题第 1—3 级及对应页码,目录的页眉页脚按下列格式设计:页脚居中显示大写罗马数字 III 格式的页码,起始页码为 1、且自奇数页码开始;页眉居中插入文档标题属性信息。

9.自报告摘要开始为正文。为正文设计下述格式的页码:自奇数页码开始,起始页码为 1,页码格式为阿拉伯数字 1、2、3……偶数页页眉内容依次显示:页码、一个全角空格、文档属性中的作者信息,居左显示。奇数页页眉内容依次显示:章标题、一个全角空格、页码,居右显示,并在页眉内容下添加横线。

10.参照示例文件,为"报告摘要"下方的文本段落添加菱形框项目符号。最后对目录进行更新。

【解题步骤】

☞ 第 1 小题

步骤:打开文件夹下的文档"word 素材.docx",单击【文件】选项卡,选择"另存为"。

在弹出的对话框中输入文件名为"2019 年中国网民搜索引擎使用情况研究报告. docx"，单击"保存"按钮。

☞ **第 2 小题**

步骤 1：在【页面布局】选项卡下单击【页面设置】组中的扩展按钮，弹出"页面设置"对话框。在对话框中的"页边距"选项卡下，单击"多页"下拉按钮，选择"对称页边距"。设置上下边距均为 2.5 厘米，内侧边距为 2.5 厘米，外侧边距为 2 厘米。装订线设置为 1厘米。

步骤 2：切换至"纸张"选项卡，单击"纸张大小"下拉按钮，选择 A4。

步骤 3：切换至"版式"选项卡，设置页眉、页脚均距边界 1.1 厘米，单击"确定"按钮。

☞ **第 3 小题**

步骤 1：选中"第一章搜索引擎用户规模与属性"该段，在【开始】选项卡下单击【样式】组中的"其他"下拉按钮，选择"标题 1"。

步骤 2：右键单击"标题 1"，选择"修改"。在弹出的"修改样式"对话框中，单击"字体"下拉按钮，选择"华文中宋"；单击"字号"下拉按钮，选择"小二"；取消选中加粗按钮；单击"字体颜色"下拉按钮，选择标准色中的"深蓝"；单击"居中"按钮。

步骤 3：单击"格式"下拉按钮，选择"段落"。在弹出的"段落"对话框中，设置大纲级别为 1 级，段前间距为 1.5 行，段后间距为 1 行。单击"行距"下拉按钮，选择"最小值"，设置值为"12 磅"，单击"确定"按钮。再次单击"确定"按钮，完成修改。

步骤 4：选中"第二章 搜索引擎市场整体发展情况"该段，在【开始】选项卡下单击【编辑】组中的"选择"下拉按钮，选择"选定所有格式类似的文本"，再单击"标题 1"，即可应用该样式。

步骤 5：按照同样的方法，设置标题 2、标题 3 和正文的样式。

☞ **第 4 小题**

步骤 1：选中书稿中用黄色底纹标出的文字"信息流服务"，在【引用】选项卡下，单击【脚注】组中的"插入脚注"按钮，在页面底部输入脚注内容。

步骤 2：单击【脚注】组中的扩展按钮，在弹出的"脚注和尾注"对话框中，单击"编号格式"下拉按钮，选择"①,②,③..."，单击"应用"按钮。

☞ **第 5 小题**

步骤 1：将光标定位到题面要求的位置，在【插入】选项卡下，单击【插图】组中的"图片"按钮，在弹出的对话框中，选择文件夹下的"pic1.png"，单击"插入"按钮。

步骤 2：将光标定位在说明文字"搜索引擎用户使用体验图示"左侧，在【引用】选项卡下单击【题注】组中的"插入题注"按钮。在弹出的对话框中，单击"新建标签"按钮，输入标签名为"图"，单击"确定"按钮回到题注对话框，再次单击"确定"按钮。

步骤 3：在【开始】选项卡下，单击【样式】组中的扩展按钮，单击"题注"下拉按钮，选择"修改"。在弹出的"修改样式"对话框中，单击"字体"下拉按钮，选择"楷体"。单击"字号"

下拉按钮,选择"小五"。单击"居中"按钮,单击"确定"按钮。

步骤4:删去"图1"字样中多余的空格。

步骤5:将光标定位到图片上方"如下"字样后,在【引用】选项卡下单击【题注】组中的"交叉引用"按钮,在弹出的对话框中,单击"引用类型"下拉按钮,选择"图",单击"引用内容"下拉按钮,选择"只有标签和编号",单击"插入"按钮,再单击"关闭"按钮。

☞ 第 6 小题

步骤1:选中该表格,复制表格内容。将光标定位到表格后的空行中,在【插入】选项卡下单击【插图】组中的"图表"按钮,在弹出的对话框中选择"簇状柱形图",单击"确定"按钮。

步骤2:在打开的 Excel 文件中调整图表数据区域的大小,并把表格内容粘贴进去。此时单击 Word 文档中【数据】组中的"切换行/列"按钮,关闭 Excel 文件,并设置图表居中。

步骤3:按照示例图,设置图表格式。右键单击搜索引擎使用率条形图(由于此时纵坐标太大,所以该条形图无限贴近横坐标轴),选择"设置数据系列格式"。在弹出的对话框中,选中"系列选项"中的"次坐标轴"单选按钮,并关闭对话框。

步骤4:右键单击搜索引擎使用率条形图,选择"更改系列图表类型",在弹出的对话框中,选择"带数据标记的折线图",并单击"确定"按钮。

步骤5:右键单击折线图,选择"添加数据标签"。在【图表工具】|【布局】选项卡下,单击【标签】组中的"数据标签"下拉按钮,选择"上方"。同样,右键单击用户规模柱状条形图,选择"添加数据标签"。单击"图例"下拉按钮,选择"在底部显示图例"。单击"图表标题"下拉按钮,选择"图表上方",在标题中输入"搜索引擎用户规模及使用率"。选中标题文字,在【开始】选项卡下的【字体】组中设置其字号大小,并拖动到与示例图相同的位置。

步骤6:右键单击折线图,选择"设置数据系列格式"。在弹出的对话框中选择"数据标记选项",选中"内置"单选按钮,单击"类型"下拉按钮,选择和示例图相符的数据标记,并适当调整大小。选择"标记线颜色"选项卡,选中"实线"单选按钮,单击"颜色"下拉按钮,选择其他颜色,在"自定义"选项卡下选择与示例图相符的颜色。选择"标记线样式"选项卡,调整标记线宽度,并关闭对话框。

步骤7:右键单击图表左侧纵坐标轴,选择"设置坐标轴格式"。在对话框中的"坐标轴选项"中,选中最小值的"固定"单选按钮,在文本框中输入0;选中最大值的"固定"单选按钮,在文本框中输入100000;选中主要刻度单位的"固定"单选按钮,在文本框中输入25000;单击"坐标轴标签"下拉按钮,选择"无"。在"线条颜色"选项中,选择"无线条"。单击"关闭"按钮。

步骤8:在【图表工具】|【布局】选项卡下,单击【标签】组中的"坐标轴标题"下拉按钮,选择"主要纵坐标轴标题"中的"横排标题",在坐标轴标题中输入"单位:万人"并调整标题位置。

步骤9:右键单击右侧纵坐标轴,选择"设置坐标轴格式"。在对话框中的"坐标轴选项"中,选中最小值的"固定"单选按钮,在文本框中输入0;选中最大值的"固定"单选按钮;选中主要刻度单位的"固定"单选按钮,在文本框中输入0.1;单击"坐标轴标签"下拉按钮,选择"无"。在"线条颜色"选项中,选择"无线条"。单击"关闭"按钮。

步骤10:右键单击水平(类别)轴,选择"设置坐标轴格式"。在对话框中的"坐标轴选项"中,单击"主要刻度线类型"下拉按钮,选择"内部"。单击"关闭"按钮。

步骤11:在【图表工具】|【布局】选项卡下,单击【坐标轴】组中的"网格线"下拉按钮,单击"主要横网格线",选择"无"。

☞ 第7小题

步骤1:将光标定位到"报告摘要"字样左侧,在【页面布局】选项卡下,单击【页面设置】组中的"分隔符"下拉按钮,选择"下一页"。

步骤2:将光标定位到"内容简介"字样左侧,单击"分隔符"下拉按钮,选择"分页符"。

步骤3:按照示例文件"结果示例1.png",对封面和内容简介进行设置。在【开始】选项卡下的【字体】组中,可设置字体属性,在【段落】组中,可设置段落间距和行距等。

步骤4:将光标定位在适当的位置,在【插入】选项卡下,单击【插图】组中的"图片"按钮,在弹出的对话框里选择文件夹下的"logo.jpg",单击"插入"按钮。在【图片工具】|【格式】选项卡下,单击【大小】组中的"裁剪"按钮,对图片进行适当裁剪,再次单击"裁剪"按钮完成操作。

☞ 第8小题

步骤1:将光标定位到"报告摘要"字样左侧,在【页面布局】选项卡下,单击【页面设置】组中的"分隔符"下拉按钮,选择"下一页"。

步骤2:将光标定位到新页开头,在【引用】选项卡下,单击【目录】组中的"目录"下拉按钮,选择"自动目录1"。

步骤3:将光标定位到目录页,在【页面布局】选项卡下单击【页面设置】组中的扩展按钮,在弹出的对话框中切换到【版式】选项卡下,单击"节的起始位置"下拉按钮,选择"奇数页",单击"应用于"下拉按钮,选择"整篇文档",单击"确定"按钮。

步骤4:将光标定位到目录的第1页页脚,双击,在【页眉和页脚工具】|【设计】选项卡下,取消选中"链接到前一条页眉"按钮。单击"页码"下拉按钮,选择"页面底端"中的"普通数字2"。再单击"页码"下拉按钮,选择"设置页码格式",在弹出的对话框中,单击"编号格式"下拉按钮,选择"I,II,III,...",选中"起始页码"单选按钮,设置起始页码为I。

步骤5:将光标定位到目录的第1页页眉处,在【页眉和页脚工具】|【设计】选项卡下,取消选中"链接到前一条页眉"按钮,单击【插入】组中的"文档部件"下拉按钮,选择"文档属性"中的"标题"。

☞ 第9小题

步骤1:光标定位到正文第一页的页脚处,取消选中"链接到前一条页眉"按钮,在【插入】选项卡下单击【页眉和页脚】组中的【页码】下拉按钮,选择"设置页码格式",在弹出的对话框中,选中"起始页码"单选按钮,设置起始页码为1。

步骤2：将光标定位在正文第一页的页眉处，取消选中"链接到前一条页眉"按钮，单击"页眉"下拉按钮，选择"删除页眉"。选中【奇偶页不同】复选框。单击"文档部件"下拉按钮，选择"域"。在弹出的对话框中，单击"类别"下拉按钮，选择"链接和引用"，在"域名"中选择"StyleRef"，在"样式名"中选择"标题1"，单击"确定"按钮。

步骤3：将光标定位到刚刚插入的页眉后，输入一个全角空格。单击"页码"下拉按钮，选择"当前位置"下的"普通数字"。选中整个页眉，在【开始】选项卡下单击【段落】组中的"文本右对齐"按钮，并单击【字体】组中的下划线按钮。

步骤4：将光标定位到正文第2页的页眉处，在【页眉和页脚工具】|【设计】选项卡下，取消选中"链接到前一条页眉"按钮，单击"页码"下拉按钮，选择"当前位置"下的"普通数字"，在页码后输入一个全角空格。单击【插入】组中的"文档部件"下拉按钮，选择"文档属性"中的"作者"。设置页眉居左显示。

步骤5：将光标定位到正文第2页的页脚处，在【页眉和页脚工具】|【设计】选项卡下，取消选中"链接到前一条页眉"按钮，单击"页码"下拉按钮，选择"页面底端"下的"普通数字2"。

步骤6：将光标定位到目录第2页的页眉处，取消选中"链接到前一条页眉"按钮，单击【插入】组中的"文档部件"下拉按钮，选择"文档属性"中的"标题"。将光标定位在目录第2页的页脚处，取消选中"链接到前一条页眉"按钮，单击"页码"下拉按钮，选择"页面底端"下的"普通数字2"。

步骤7：单击"关闭页眉和页脚"按钮。

☞ **第10小题**

步骤1：选中"报告摘要"下方要添加项目符号的文本段落。在【开始】选项卡下，点击项目符号的图标，然后选择菱形框项目符号。

步骤2：光标定位到目录页，单击【引用】选项卡下的"更新目录"按钮，在弹出的对话框中选中"更新整个目录"单选按钮，单击"确定"按钮。

步骤3：单击"保存"按钮，保存文件。

本实例教材

实例十二：《大数据及其隐私保护》学术论文排版

【知识点】

基础点：1—另存为；2—创建封面、分页、设置文本框、插入图片、设置图片格式；3—分页；5—脚注尾注、目录；7—插入删除更新索引；8—插入页码；9—查找替换、删除空行

中等难点：4—应用修改样式、多级列表设置、导入项目符号；6—题注、交叉引用设置

【题目要求】

安徽理工大学计算机科学与工程学院方×进、肖××、杨×明共同撰写了题目为"大数据及其隐私保护"的学术论文。论文的排版和参考文献还需要进一步修改,请根据以下要求,对论文进行完善。

1. 将文档"素材.docx"另存为"word.docx"。

2. 为论文创建封面,将论文题目、作者姓名和作者专业放置在文本框中,并居中对齐;文本框的环绕方式为四周型,在页面中的对齐方式为左右居中。在页面的下侧插入图片"图片1.jpg",环绕方式为四周型,并应用一种映像效果。整体效果可参考示例文件"封面效果.docx"。

3. 对文档内容进行分节,使得"封面"、"目录"、"图表目录"、"摘要"、"1. 引言"、"2. 隐私保护的基础知识"、"3. 隐私研究的数学描述与数学模型"、"4. 基于位置服务的隐私保护及应用"、"5. 大数据隐私保护的挑战与机遇"、"参考文献"和"专业词汇索引"各部分的内容都位于独立的节中,且每节都从新的一页开始。

4. 修改文档中样式为"正文文字"的文本,使其首行缩进2字符,段前和段后的间距为0.5行;修改"标题1"样式,将其自动编号的样式修改为"第1章,第2章,第3章……";修改标题5.2下方的编号列表,使用自动编号,样式为"1)、2)、3)......";复制文件夹下"项目符号列表.docx"文档中的"项目符号列表"样式到论文中,并应用于标题5.1下方的项目符号列表。

5. 将文档中的所有脚注转换为尾注,并使其位于每节的末尾;在"目录"节中插入"流行"格式的目录,替换"请在此插入目录!"文字;目录中需包含各级标题和"摘要"、"参考书目"以及"专业词汇索引",其中"摘要"、"参考文献"和"专业词汇索引"在目录中需和标题1同级别。

6. 使用题注功能,修改图表的标题编号,以便其编号可以自动排序和更新,在"图表目录"节中插入格式为"正式"的图表目录;使用交叉引用功能,修改正文中对于图表标题编号的引用(已经用黄色底纹标记),以便这些引用能够在图表标题的编号发生变化时可以自动更新。

7. 将文档中所有的文本"数学模型"都标记为索引项;删除文档中文本"框架"的索引项标记;更新索引。

8. 在文档的页脚正中插入页码,要求封面页无页码,目录和图表目录部分使用"I、II、III......"格式,正文以及参考书目和专业词汇索引部分使用"1、2、3......"格式。

9. 删除文档中的所有空行。

【解题步骤】

☞ 第1小题

步骤:打开文件夹下的"素材.docx",单击【文件】选项卡,选择另存为。在弹出的对话框中输入文件名"word.docx",单击"保存"按钮。

☞ **第 2 小题**

步骤 1：将光标定位在文档开头，在【页面布局】选项卡下的【页面设置】组中，单击"分隔符"下拉按钮，选择"下一页"。

步骤 2：将光标定位在空白页开头，在【插入】选项卡下的【文本】组中，单击"文本框"下拉按钮，选择"简单文本框"。单击【绘图工具】|【格式】选项卡，在【排列】组中单击"自动换行"下拉按钮，选择"四周型环绕"。

步骤 3：适当调整文本框的大小和位置，按照示例文件"封面效果.docx"，在文本框中输入对应的文字。选中"大数据及其隐私保护"，在【开始】选项卡下的【字体】组中，设置字体为微软雅黑，字号为小初。在【段落】组中设置对齐方式为"居中"。按照同样的方法设置"方贤进，肖亚飞，杨高明"、"安徽理工大学计算机科学与工程学院"字体为微软雅黑、小二，对齐方式为居中。

步骤 4：选中文本框，单击【绘图工具】|【格式】选项卡，在【排列】组中，单击"位置"下拉按钮，选择"其他布局选项"，在弹出的"布局"对话框中，单击"位置"选项卡，水平对齐方式设为"居中"，相对于"页面"。单击"确定"按钮。

步骤 5：选中文本框，单击【绘图工具】|【格式】选项卡，在【形状样式】组中单击"形状轮廓"下拉按钮，选择"无轮廓"。

步骤 6：单击【插入】选项卡下的"图片"按钮，选择文件夹下的"图片 1.jpg"，单击"插入"按钮。点击【图片工具】|【格式】选项卡，在【排列】组中单击"自动换行"下拉按钮，选择"四周型环绕"。在【图片样式】组中选择"映像圆角矩形"。

步骤 7：右键单击图片，选择"设置图片格式"。在弹出的"设置图片格式"对话框中，切换到"映像"选项卡下，将"大小"调整为 35%，单击"关闭"按钮。按照示例文件，适当调整图片位置。

☞ **第 3 小题**

步骤 1：将光标定位在"图表目录"左侧，在【页面布局】选项卡下的【页面设置】组中，单击"分隔符"下拉按钮，选择"下一页"。

步骤 2：按照同样的方法设置其他部分的内容。

☞ **第 4 小题**

步骤 1：在【开始】选项卡下的【样式】组中，右键单击样式库中的"正文文字"，选择"修改"。在弹出的"修改样式"对话框中，单击"格式"下拉按钮，选择"段落"。在弹出的"段落"对话框中，单击"特殊格式"下拉按钮，选择"首行缩进"，磅值默认为 2 字符。在【间距】组中，设置"段前"为 0.5 行，"段后"为 0.5 行。单击"确定"按钮，回到"修改样式"对话框，再单击"确定"按钮。

步骤 2：右键单击"标题 1"样式。选择"修改"。在弹出的"修改样式"对话框中，单击"格式"下拉按钮，选择"编号"。在弹出的"编号和项目符号"对话框中，单击"定义新编号格式..."按钮。在"定义新编号格式"对话框中，将"编号格式"文本框中的内容修改为"第

1 章"("1"前输入"第","1"后删除".",输入"章"),单击三次"确定"按钮,关闭对话框。

步骤 3:选中标题 5.2 下方的编号列表,在【开始】选项卡下的【段落】组中单击"编号"下拉按钮,选择样式为"1)、2)、3)……"的编号。

步骤 4:打开文件夹下的"项目符号列表.docx"。在【开始】选项卡下单击【样式】组的扩展按钮,单击"管理样式"按钮,在弹出的对话框中单击"导入/导出"按钮。在"管理器"对话框中单击右侧的"关闭文件"按钮,再单击"打开文件"按钮。在"打开"对话框中,定位到文件夹,在文件类型下拉列表中选择"所有文件"选项,然后选择文档"word.docx",单击"打开"按钮。在"管理器"对话框中选择"项目符号列表",单击"复制"按钮。单击"关闭"按钮,并关闭"项目符号列表.docx"文档。

步骤 5:在 word.docx 文件中,选中标题 5.1 下方的项目符号列表,在【开始】选项卡下单击【样式】组中的"项目符号列表"样式。

☞ **第 5 小题**

步骤 1:单击【引用】选项卡下【脚注】组中的扩展按钮,在弹出的"脚注和尾注"对话框中单击"转换"按钮,选择"脚注全部转换成尾注",单击"确定"按钮。回到"脚注和尾注"对话框,单击"关闭"按钮。

步骤 2:再次单击【脚注】组中的扩展按钮,在弹出的"脚注和尾注"对话框中单击"尾注"右侧下拉按钮,选择"节的结尾",单击"应用"按钮。

步骤 3:选中"摘要",单击【开始】选项卡下【段落】组中的扩展按钮,在弹出的"段落"对话框中单击"大纲级别"下拉按钮,选择"1 级",单击"特殊格式"下拉按钮,选择"无",单击"确定"按钮。按照同样的方法设置"参考书目"和"专业词汇索引"。

步骤 4:选中"请在此插入目录!",在【引用】选项卡下,单击【目录】组中的"目录"下拉按钮,选择"插入目录"。在弹出的"目录"对话框中,单击"格式"下拉按钮,选择"流行",单击"确定"按钮。

☞ **第 6 小题**

步骤 1:将光标定位到第一处图注,删除"图 1"文字,单击【引用】选项卡下【题注】组中的"插入题注"按钮,在弹出的对话框中单击"新建标签",输入"图",单击"确定"按钮,回到题注对话框,再次单击"确定"按钮。

步骤 2:单击【开始】选项卡,在【样式】组中的样式库中,右键单击"题注",选择"修改"。在弹出的"修改样式"对话框中,单击"居中"按钮,单击"确定"按钮。

步骤 3:选中第 1 张图片上方的黄色底纹文字"图 1",在【引用】选项卡下单击【题注】组中的"交叉引用"按钮,在弹出的对话框中,单击"引用类型"下拉按钮,选择"图",单击"引用内容"下拉按钮,选择"只有标签和编号",单击"插入"按钮,再单击"关闭"按钮。

步骤 4:选中第 1 张图片下方的黄色底纹文字"图 1",单击"交叉引用"按钮,引用类型选择"图",引用内容选择"只有标签和编号",选择插入。

步骤 5:以同样的方法设置图 2 的题注以及交叉引用。

步骤 6:将光标定位到第 1 张表,删除表注中"表 1"字样,在【引用】选项卡下单击【题

注】组中的"插入题注"按钮。在弹出的对话框中,单击"新建标签"按钮,输入标签名为"表",单击"确定"按钮回到题注对话框,再次单击"确定"按钮。

步骤 7:选中第 1 张表上方的黄色底纹文字"表 1",在【引用】选项卡下单击【题注】组中的"交叉引用"按钮,在弹出的对话框中,单击"引用类型"下拉按钮,选择"表",单击"引用内容"下拉按钮,选择"只有标签和编号",单击"插入"按钮,再单击"关闭"按钮。

步骤 8:选中第 1 张表下方的黄色底纹文字"表 1",单击"交叉引用"按钮,引用类型选择"表",引用内容选择"只有标签和编号",选择插入。

步骤 9:以同样的方法设置其余六个表的题注以及交叉引用。

步骤 10:选中"请在此插入图表目录!",单击【引用】选项卡下【题注】组中的"插入表目录"按钮,在弹出的"图表目录"对话框中单击"格式"下拉按钮,选择"正式";单击"选项"按钮,在"图表目录选项"对话框中单击"样式"下拉按钮,选择"题注",单击"确定"按钮,回到"图表目录"对话框,再次单击"确定"按钮。

☞ 第 7 小题

步骤 1:将光标定位在摘要,在【开始】选项卡下的【编辑】组中单击"查找"按钮,在弹出的"导航"对话框的文本框中输入"数学模型",在右侧内容区域选中"数学模型"字样,单击【引用】选项卡下【索引】组中的"标记索引项"按钮,在弹出的"标记索引项"对话框中,单击"标记"按钮,再单击"关闭"按钮。

步骤 2:按照同样的方法将其他的"数学模型"文本都标记为索引项。

步骤 3:在"导航"对话框中的文本框中,删除已有文字,输入"框架",找到所有的"框架"文本,删除其中的"{XE"框架"}"内容。

☞ 第 8 小题

步骤 1:光标定位到目录第 1 页,单击【插入】选项卡下【页眉和页脚】组中的"页码"下拉按钮,选择"页面底端"中的"普通数字 2"。在【页眉和页脚工具】|【设计】选项卡下的【导航】组中取消选中"链接到前一条页眉"按钮,单击【页眉和页脚工具】|【设计】选项卡,在【页眉和页脚】组中单击"页码"下拉按钮,选择"设置页码格式"。在弹出的"页码格式"对话框中,单击"编号格式"下拉按钮,选择"I, II, III, …"。选中"起始页码"单选按钮,单击"确定"按钮。

步骤 2:光标定位到图表目录页的页码,单击"页码"下拉按钮,选择"设置页码格式"。在弹出的"页码格式"对话框中,单击"编号格式"下拉按钮,选择"I, II, III, …"。选中"续前节"单选按钮,单击两次"确定"按钮。

步骤 3:光标定位到摘要的页码,单击"页码"下拉按钮,选择"设置页码格式"。在弹出的"页码格式"对话框中,选中"起始页码"单选按钮,单击"确定"按钮。

步骤 4:光标定位到封面的页码,按 Backspace 键删除页码,单击"关闭页眉和页脚"按钮。

☞ **第9小题**

步骤1：选中除封面以外的文档内容，在【开始】选项卡下单击【编辑】组中的"替换"按钮，在弹出的"查找和替换"对话框中将光标定位到"查找内容"文本框，删除"查找内容"文本框中的内容，单击"更多"按钮，单击"特殊格式"下拉按钮，选择"段落标记"。再次单击"特殊格式"按钮，选择"段落标记"。将光标定位到"替换为"文本框，单击"特殊格式"下拉按钮，选择"段落标记"。单击"全部替换"按钮，完成替换后，单击"关闭"按钮。

步骤2：光标定位到目录，在【引用】选项卡下的【目录】组中单击"更新目录"按钮，在弹出的"更新目录"对话框中选中"只更新页码"单选按钮，单击"确定"按钮。

步骤3：光标定位到图表目录，单击【题注】组中的"更新表格"按钮，在弹出的"更新图表目录"对话框中选中"只更新页码"单选按钮，单击"确定"按钮。

步骤4：单击"保存"按钮，保存文件。

实例十三：《公务员报考指南》文档排版

本实例教材

【**知识点**】

基础点：1—页面设置；3/4—应用样式

中等难点：2—复制并管理样式；5—查找与替换；6—修改样式；7—标题样式域（在页眉中自动显示相应样式的文字内容）；8—套用表格样式；9—插入图表

【**题目要求**】

某高校招生就业处为了给该校报考国考的毕业生提供便捷指引，需要制作一篇有关公务员考试的文档，并调整文档的外观与格式。打开文件夹下的 word.docx 文档，请你按照如下需求，在 word.docx 文档中完成制作工作：

1. 调整文档纸张大小为 A4 幅面，纸张方向为纵向；并调整上、下页边距为 2.5 厘米，左、右页边距为 3.4 厘米。

2. 打开文件夹下的"word_样式标准.docx"文件，将其文档样式库中的"标题1，标题样式一"和"标题2，标题样式二"复制到 word.docx 文档样式库中。

3. 将 word.docx 文档中的所有红颜色文字段落应用为"标题1，标题样式一"段落样式。

4. 将 word.docx 文档中的所有绿颜色文字段落应用为"标题2，标题样式二"段落样式。

5. 将文档中出现的全部"软回车"符号（手动换行符）更改为"硬回车"符号（段落标记）。

6.修改文档样式库中的"正文"样式,使得文档中所有正文段落首行缩进 2 个字符。

7.为文档添加页眉,并将当前页中样式为"标题 1,标题样式一"的文字自动显示在页眉区域中。

8.为文档中"近五年国家公务员考试招录情况表"套用一种表格样式使其更加美观,并使该表格及表格标题居中显示。

9.根据文档中"近五年的国家公务员考试报考参考情况表"内容生成一张如示例图.png 所示的柱形图图表,插入到表格后的空行中,并居中显示。要求图表的标题、纵坐标轴和折线图的格式和位置与示例图相同。

【解题步骤】

☞ 第 1 小题

步骤 1:打开文件夹下的 word. docx。

步骤 2:单击【页面布局】选项卡下【页面设置】组中的扩展按钮,设置上下边距均为 2.5 厘米,左右边距均为 3.2 厘米。

步骤 3:设置纸张方向为"纵向"。

步骤 4:切换至"纸张"选项卡,单击"纸张大小"下拉按钮,选择"A4",单击"确定"按钮。

☞ 第 2 小题

步骤 1:打开文件夹下的 word_样式标准. docx。

步骤 2:在【开始】选项卡下单击【样式】组的扩展按钮,单击"管理样式"按钮,在弹出的对话框中单击"导入/导出"按钮。

步骤 3:在"管理器"对话框中单击右侧的"关闭文件"按钮,再单击"打开文件"按钮。

步骤 4:在"打开"对话框中,定位到文件夹,在文件类型下拉列表中选择"所有文件"选项,然后选择文档"word. docx",单击"打开"按钮。

步骤 5:在"管理器"对话框中选择"标题 1,标题样式一",单击"复制"按钮;再选择"标题 2,标题样式二",单击"复制"按钮。完成后关闭对话框,并关闭"word_样式标准. docx"文件。

☞ 第 3 小题

步骤:在文件"word. docx"中,选中红色文字,单击【开始】选项卡下【编辑】组中的"选择"下拉按钮,选择"选择格式相似的文本",单击【开始】选项卡下【样式】组中的"标题 1,标题样式一"按钮。

☞ 第 4 小题

步骤:选中绿色文字,单击【开始】选项卡下"编辑"按钮,在弹出的列表框中单击"选择",选择"选择格式相似的文本",单击【开始】选项卡下【样式】组中的"标题 2,标题样式二"按钮。

☞ **第 5 小题**

步骤 1：单击【开始】选项卡下【编辑】组中的"替换"按钮，弹出"查找与替换"对话框。

步骤 2：在"查找与替换"对话框中，在"替换"选项卡下单击"更多"按钮。

步骤 3：将光标定位在"查找内容"下拉列表框中，单击"特殊格式"下拉按钮，选择"手动换行符"；将光标定位在"替换为"下拉列表框中，选择"特殊格式"中的"段落标记"，单击"全部替换"按钮。替换完成后，关闭"查找与替换"对话框。

☞ **第 6 小题**

步骤 1：将光标定位在正文处，在【样式】组中右键单击"正文"样式，选择修改。

步骤 2：在"修改样式"对话框中单击"格式"下拉按钮，选择"段落"。

步骤 3：在"段落"对话框中单击"特殊格式"下拉按钮，选择"首行缩进"，磅值为"2 字符"。设置完成后，单击确定按钮。

☞ **第 7 小题**

步骤 1：单击【插入】选项卡，在【页眉和页脚】组中单击"页眉"下拉按钮，选择"编辑页眉"。

步骤 2：单击【插入】选项卡，在【文本】组中单击"文档部件"下拉按钮，选择"域"。

步骤 3：在"类别"中选择"链接和引用"，在"域名中"选择"StyleRef"，在"样式名"中选择"标题 1，标题样式一"，取消选中"更新时保留原格式"复选框，单击确定按钮。

步骤 4：单击【设计】选项卡下的"关闭页眉和页脚"按钮。

☞ **第 8 小题**

选中"近五年的国家公务员考试招录情况表"整个表格，单击【表格工具】|【设计】选项卡，在【表格样式】组中选择"浅色底纹－强调文字颜色 6"。在【开始】选项卡【段落】组中，单击"居中"按钮，设置该表格及表格标题居中。

☞ **第 9 小题**

步骤 1：选中"近五年的国家公务员考试报考参考情况表"，复制表格内容。将光标定位到表格后的空行中，在【插入】选项卡下单击【插图】组中的"图表"按钮，在弹出的对话框中选择"簇状柱形图"，单击确定按钮。

步骤 2：在打开的 excel 文件中把表格内容粘贴进去，并调整图表数据区域的大小。此时单击 word 文档中【数据】组中的"切换行/列"按钮，关闭 excel 文件，并设置图表居中。

步骤 3：按照示例图，设置图表格式。右键单击"弃考率"条形图（由于此时纵坐标太大，所以该条形图无限贴近横坐标轴），选择"设置数据系列格式"。在弹出的对话框中，选中"系列选项"中的"次坐标轴"单选按钮，并关闭对话框。

步骤 4：右键单击"弃考率"条形图，选择"更改系列图表类型"，在弹出的对话框中，选择"折线图"，并单击确定按钮。

步骤 5：右键单击折线图，选择"设置数据系列格式"。在弹出的对话框中选择"数据标记选项"，选中"内置"单选按钮，单击"类型"下拉按钮，选择和示例图.png 相符的数据标记，并适当调整大小。单击"数据标记填充"选择"纯色填充"，单击"颜色"下拉按钮，选择标准色中的红色。选择"线条颜色"选项卡，选中"实线"单选按钮，单击"颜色"下拉按钮，选择标准色中的红色。选择"标记线样式"选项卡，调整标记线宽度，并关闭对话框。

步骤 6：选中图表，单击【布局】选项卡下的"图表标题"下拉按钮，选择"图表上方"，并输入标题名称：近五年国家公务员考试报考参考情况表。选中标题文字，在【开始】选项卡下的【字体】组中设置其字号大小，并拖动到与示例图相同的位置。单击"图例"下拉按钮，选择"在顶部显示图例"。

步骤 7：右键单击图表右侧纵坐标轴，选择"设置坐标轴格式"。在对话框中的"坐标轴选项"中，选中最小值的"固定"单选按钮，在文本框中输入 0；选中最大值的"固定"单选按钮，在文本框中输入 0.4；选中主要刻度单位的"固定"单选按钮，在文本框中输入 0.05。在"线条颜色"选项中，选择"无线条"。单击关闭按钮。

步骤 8：右键单击左侧纵坐标轴，选择"设置坐标轴格式"。在对话框中的"坐标轴选项"中，选中最小值的"固定"单选按钮，在文本框中输入 0；选中最大值的"固定"单选按钮，在文本框中输入 180；选中主要刻度单位的"固定"单选按钮，在文本框中输入 20。在"线条颜色"选项中，选择"无线条"。单击关闭按钮。

步骤 9：右键单击水平（类别）轴，选择"设置坐标轴格式"。在对话框中的"坐标轴选项"中，单击"主要刻度线类型"下拉按钮，选择"无"。单击关闭按钮。

步骤 10：右键单击"审核通过"条形图，选择"设置数据系列格式"。在弹出的对话框中"系列选项"卡下，调整"系列重叠"数值，参照示例图，使"审核通过"条形图与"参考人数"条形图适当分离。选择"填充"选项卡下"纯色填充"，单击"颜色"下拉按钮，按照示例图，选择相当的蓝色。以同样的方式设置"参考人数"条形图的颜色。

步骤 11：删除柱形图表上方的多余的"近五年国家公务员考试报考参考情况表"及该表标题。

步骤 12：单击保存按钮，保存文档。

实例十四：《致家长的一封信》文档设置

本实例教材

【知识点】

基础点：1－文件另存为

中等难点：2－页码设置、页码；3－页眉页脚；4－样式、字体段落；6－表格；7－段前分页、页面排版、页码设置、目录；8－文本复制、插入直线

重难点：5－SmartArt 图形；8/9－邮件合并

【题目要求】

深圳市中兴中学王老师负责向本校的学生家长传达有关学生人身意外伤害保险投保方式的通知。该通知需要下发至每位学生,并请家长填写回执。参照"结果示例1.png～结果示例5.png"、按下列要求帮助王老师编排家长信及回执:

1.将"深圳学生意外险素材.docx"文件另存为"word.docx",后续操作均基于此文件。

2.进行页面设置:纸张方向横向、纸张大小A3(宽42厘米×高29.7厘米),上、下边距均为2.5厘米、左、右边距均为2.0厘米,页眉、页脚分别距边界1.2厘米。要求每张A3纸上从左到右按顺序打印两页内容,左右两页均于页面底部中间位置显示格式为"-1-、-2-"类型的页码,页码自1开始。

3.插入"空白(三栏)"型页眉,在左侧的内容控件中输入学校名称"深圳中兴中学",删除中间的内容控件,在右侧插入文件夹下的图片logo.jpg代替原来的内容控件,适当缩小图片,使其与学校名称高度匹配。将页眉下方的分隔线设为标准红色、2.25磅、上宽下细的双线型。

4.将文中所有的空白段落删除,然后将"一、二、三、四、五、六、七"所示标题段落设置为"标题1"样式;将"附件1、附件2、附件3、附件4、附件5"所示标题段落设置为"标题2"样式。

5.利用"附件2:学生人身意外伤害保险投保工作流程图"下面用灰色底纹标出的文字、参考样例图绘制相关的流程图,要求:各个图形之间使用连接线,连接线将会随图形的移动而自动伸缩,中间的图形应沿垂直方向左右居中。

6.将"附件3:学生人身意外伤害保险投保时间进度表"下的紫色文本转换为表格,并参照素材中的样例图片进行版式设置,调整其字体、字号、颜色、对齐方式和缩进方式,使其有别于正文。套用一个合适的表格样式,然后将表格整体居中。

7.令每个附件标题所在的段落前自动分页,调整流程图使其与附件2标题行合计占用一页。然后在信件正文之后(黄色底纹标示处)插入有关附件的目录,不显示页码,且目录内容能够随文章变化而更新。最后删除素材中用于提示的多余文字。

8.在信件抬头的"尊敬的"和"学生儿童家长"之间插入学生姓名;在"附件5:参加2021－2022学年度学生人身意外伤害保险回执"下方的"学校""年级和班级"(显示为"初二一班"格式)、"学生姓名""性别""学号"后分别插入相关信息,学校、年级、班级、学生姓名、性别、学号等信息存放在Excel文档"学生档案.xlsx"中。在下方将制作好的回执复制一份,将其中"(此联家长留存)"改为"(此联学校留存)",在两份回执之间绘制一条剪裁线、并保证两份回执在一页上。

9.仅为其中所有学校初二年级的每位在校状态为"在读"的女生生成家长通知,通知包含家长信的主体、所有附件、回执。要求每封信中只能包含1位学生信息。将所有通知页面另外以文件名"正式通知.docx"保存(如果有必要,应删除文档中的空白页面)。

【解题步骤】

☞ 第 1 小题

步骤：打开文件夹下的"深圳学生意外险素材.docx"，单击【文件】选项卡，选择另存为。在弹出的对话框中输入文件名"word.docx"，单击保存按钮。

☞ 第 2 小题

步骤 1：在【页面布局】选项卡下，单击【页面设置】组中的扩展按钮，在弹出的"页面设置"对话框中，单击"横向"按钮，设置上、下边距均为 2.5 厘米，左、右边距均为 2.0 厘米。单击"多页"下拉按钮，选择"拼页"。

步骤 2：换到"纸张"选项卡下，单击"纸张大小"下拉按钮，选择"A3"。

步骤 3：切换到"版式"选项卡下，设置页眉、页脚分别距边界 1.2 厘米，单击确定按钮。

步骤 4：光标定位到第 1 页，在【插入】选项卡下的【页眉和页脚】组中，单击"页码"下拉按钮，选择"页面底端"中的"普通数字 2"。在【页眉和页脚工具】|【设计】选项卡下，单击【页眉和页脚】组中的"页码"下拉按钮，选择"设置页码格式"。在弹出的"页码格式"对话框中，单击"编号格式"下拉按钮，选择"-1-,-2-,-3-,…"。选中"起始页码"单选按钮，单击确定按钮，单击"关闭页眉和页脚"按钮。

☞ 第 3 小题

步骤 1：在【插入】选项卡下的【页眉和页脚】组中单击"页眉"下拉按钮，选择"空白(三栏)"。选中左侧的内容控件，输入学校名称"深圳中兴中学"。选中中间的内容控件，按 Backspace 键删除。选中右侧的内容控件，在【页眉和页脚工具】|【设计】选项卡下的【插入】组中单击"图片"按钮，选择文件夹下的"logo.jpg"，单击插入按钮。适当调整该图片大小，使其符合题面要求。

步骤 2：光标定位在页眉处，在【开始】选项卡下的【段落】组中，单击"下框线"下拉按钮，选择"边框和底纹"。在弹出的"边框和底纹"对话框中，单击"自定义"按钮，单击"样式"下拉按钮，选择上宽下细的双线型。单击"颜色"下拉按钮，选择"红色(标准色)"，单击"宽度"下拉按钮，选择"2.25"磅。单击右侧"应用于"下拉按钮，选择"段落"，单击上方"下框线"按钮，单击确定按钮。单击"关闭页眉和页脚"按钮。

☞ 第 4 小题

步骤 1：将光标定位在文档开头，在【开始】选项卡下的【编辑】组中单击"替换"按钮。在弹出的"查找和替换"对话框中，将光标定位到"查找内容"，单击"更多"按钮，单击"特殊格式"下拉按钮，选择"段落标记"，再次单击"特殊格式"下拉按钮，选择"段落标记"。将光标定位到"替换为"文本框，单击"特殊格式"下拉按钮，选择"段落标记"。单击"全部替换"按钮，单击确定按钮，单击"关闭"按钮。

步骤 2：选中"致学生家长的一封信"，在【开始】选项卡下的【样式】组中，单击样式库中的"标题"。

步骤3:按照同样的方式,为"一、二、三、四、五、六、七"所示标题段落和"附件1、附件2、附件3、附件4、附件5"所示标题段落应用相应格式。

步骤4:在【开始】选项卡下的【样式】组中,右键单击样式库中的"正文",选择修改。在弹出的"修改样式"对话框中,单击字体下拉按钮,选择"仿宋";单击字号下拉按钮,选择"小四"。单击"格式"下拉按钮,选择"段落"。单击"特殊格式"下拉按钮,选择"首行缩进",磅值默认为2字符。调整段前间距为0.5行,单击"行距"下拉按钮,选择"多倍行距",在"设置值"文本框中输入1.25。单击确定按钮,回到"修改样式"对话框,再次单击"确定"按钮。

步骤5:选中信件的三行落款,在【开始】选项卡下的【段落】组中单击"文本右对齐"按钮。

☞ 第5小题

步骤1:将光标置于"附件2"文字的最后一行结尾处,单击【页面布局】选项卡下【页面设置】组下的"分隔符"按钮,在下拉列表框中选择"分页符"命令,插入新的一页。

步骤1:光标置于附件2下方,在【插入】选项卡下的【插图】组中,单击"形状"下拉按钮,选择"新建绘图画布"。

步骤2:单击【绘图工具】|【格式】选项卡【插入形状】组中的"形状"下拉按钮,选择"流程图:准备",在画布上画出形状。在【绘图工具】|【格式】选项卡下,单击【形状样式】组中的"形状填充"下拉按钮,选择"无填充颜色"。单击"形状轮廓"下拉按钮,选择"浅绿(标准色)","粗细"设置为"1磅"。右键单击已经画好的形状,选择"添加文字",单击【开始】选项卡,在【样式】组中单击"3"样式,按照示例的流程图输入相应的文字。

步骤3:在【绘图工具】|【格式】选项卡下,单击【插入形状】组中的形状下拉按钮,选择"流程图:过程",在画布上画出形状。按照同样的方法设置形状填充为"无填充颜色","形状轮廓"为"蓝色(标准色)","粗细"为"1磅"。按照步骤2的方法输入相应文字。

步骤4:在【绘图工具】|【格式】选项卡下,单击【插入形状】组中的形状下拉按钮,选择"线条"中的"箭头",将两个形状对应的红色顶点连接起来。

步骤5:按照同样的方法绘制所有的"流程图:过程"形状和箭头。

步骤6:在【绘图工具】|【格式】选项卡下,单击【插入形状】组中的形状下拉按钮,选择"流程图:终止",设置形状填充为"无填充颜色","形状轮廓"为"绿色(标准色)","粗细"为"1磅",并输入相应文字。

步骤7:在【绘图工具】|【格式】选项卡下,单击【插入形状】组中的形状下拉按钮,选择"流程图:可选过程",设置形状填充为"无填充颜色","形状轮廓"为"蓝色(标准色)","粗细"为"1磅",并输入相应文字。

步骤8:在【绘图工具】|【格式】选项卡下,单击【插入形状】组中的形状下拉按钮,选择"线条"中的"肘形箭头连接符",将"流程图:可选过程"形状与第6个"流程图:过程"形状对应的红色顶点连接起来。用同样方式将"流程图:可选过程"形状与第9个"流程图:过程"形状连接。

☞ **第 6 小题**

步骤 1：选中紫色文字，在【插入】选项卡下的【表格】组中，单击"表格"下拉按钮，选择"文本转换成表格"，在弹出的"将文字转换成表格"对话框中，单击确定按钮。单击【表格工具】|【布局】选项卡，在【单元格大小】组中单击"自动调整"下拉按钮，选择"根据内容自动调整表格"。

步骤 2：按照示例图片，适当调整表格列的宽度。

步骤 3：选中表格第一行，单击【表格工具】|【布局】选项卡，在【对齐方式】组中，单击"水平居中"按钮。以同样方式将表格第一列、第二列单元格的对齐方式设置为水平居中。

步骤 4：选中整个表格，在【开始】选项卡下的【字体】组中，单击"字体"下拉按钮，选择"宋体"。单击"字号"下拉按钮，选择"小五"。单击"字体颜色"下拉按钮，选择"蓝色（标准色）"。

步骤 5：选中整个表格，在【开始】选项卡下单击【段落】组中的"居中"按钮。单击【表格工具】|【设计】选项卡，在【表格样式】组中单击样式库中的下拉按钮，选择"浅色网格－强调文字颜色 5"，并按照示例图片适当调整表格大小。

☞ **第 7 小题**

步骤 1：光标定位在"附件 1"左侧，单击【页面布局】选项卡，在【页面设置】组中单击"分隔符"下拉按钮，选择"分页符"。以同样的方法设置其他的附件标题，删去空白页面。

步骤 2：选中"在这里插入有关附件的目录"，在【引用】选项卡下，单击【目录】组中的"目录"下拉按钮，选择"插入目录"。在弹出的"目录"对话框中，取消选中"显示页码"复选框。单击"选项"按钮。在弹出的"目录选项"对话框中，只保留标题 2 的目录级别，其余删除，单击确定按钮，再次单击确定按钮。

步骤 3：选中提示的多余文字，按 Backspace 键删除。

步骤 4：适当调整流程图，使其与附件 2 标题行合计占用一页。

☞ **第 8 小题**

步骤 1：在【邮件】选项卡下，单击【开始邮件合并】组中的"选择收件人"下拉按钮，选择"使用现有列表"。在弹出的对话框中，选择文件夹下的"学生档案.xlsx"，单击"打开"按钮。在弹出的"选择表格"对话框中单击确定按钮。

步骤 2：将光标定位在信件抬头的"尊敬的"和"学生家长"之间，单击【编写和插入域】组中的"插入合并域"下拉按钮，选择"姓名"。将光标定位到回执单的"学校："右侧，单击【编写和插入域】组中的"插入合并域"下拉按钮，选择"学校"。将光标定位到"年级和班级："右侧，单击【编写和插入域】组中的"插入合并域"下拉按钮，选择"年级"，再次单击"插入合并域"下拉按钮，选择"班级"。以同样的方式插入其他合并域。

步骤 3：选中"（此联家长留存）"，设置字体为华文中宋、小三、居中。选中回执单，按 Ctrl＋C 键复制，按 Ctrl＋V 键粘贴。

步骤 4：将下方的回执单中的"（此联家长留存）"改为"（此联学校留存）"。删除下方回执单标题中的"附件5:",选中标题,应用【开始】选项卡下【样式】组中的"正文"样式,并将字体设置为华文中宋、三号、居中。

步骤5:在【插入】选项卡下的【插图】组中,单击"形状"下拉按钮,选择"线条"中的"直线"。按住 shift 键,在合适的位置绘制一条直线。选中该直线,在【绘图工具】|【格式】选项卡下单击【形状样式】组中的"形状轮廓"下拉按钮,选择"虚线"中的"短划线"。

步骤6:选中两张回执单的内容,单击【开始】选项卡下【段落】组中的扩展按钮,在弹出的"段落"对话框中,切换到"换行和分页"选项卡下,勾选"与下段同页复选框",单击确定按钮。

☞ 第 9 小题

步骤1:在【邮件】选项卡下,单击【开始邮件合并】"编辑收件人列表"按钮,在弹出的"邮件合并收件人"对话框中,单击"年级"下拉按钮,选择"初二";单击"在校状态"下拉按钮,选择"在读",单击"性别"下拉按钮,选择"女",单击确定按钮。

步骤1:在【邮件】选项卡下,单击【完成】组中的"完成并合并"下拉按钮,选择"编辑单个文档",在弹出的对话框中选中"全部"单选按钮,单击确定按钮。

步骤2:单击保存按钮,在弹出的对话框中输入文件名"正式通知.docx",单击保存按钮,并关闭文件。

步骤3:单击"word.docx"的保存按钮,保存并关闭文件。

第二部分　Excel 操作案例

实例十五：学生成绩单

本实例教材

【知识点】

基础点：1－单元格格式设置；3－求和 SUM、求平均值 AVERAGE；5－复制工作表、设置工作表标签颜色、重命名工作表

中等难点：2－条件格式；6－数据分类汇总

重难点：4－文本截取 MID、文本连接函数 CONCATENATE、连接符 &；7－设置图表

【题目要求】

文件名为"学生成绩单. xlsx"的 Excel 工作簿里的数据是文华中学高一年级三个班第一学期期末成绩。请你根据下列要求对该成绩单进行整理和分析：

1. 对工作表"第一学期期末成绩"中的数据列表进行格式化操作：将第一列"学号"列设为文本，将所有成绩列设为保留两位小数的数值；适当加大行高列宽，改变字体、字号，设置对齐方式，增加适当的边框和底纹以使工作表更加美观。

2. 利用"条件格式"功能进行下列设置：将语文、数学、英语三科中不低于 110 分的成绩所在的单元格以一种颜色填充，其他四科中高于 95 分的成绩以另一种字体颜色标出，所用颜色深浅以不遮挡数据为宜。

3. 利用 sum 和 average 函数计算每一个学生的总分及平均成绩。

4. 学号第 3、4 位代表学生所在的班级，例如："180105"代表 18 级 1 班 5 号。请通过函数提取每个学生所在的班级并按下列对应关系填写在"班级"列中：

"学号"的 3、4 位对应班级

01 1 班

02 2 班

03 3 班

5. 复制工作表"第一学期期末成绩"，将副本放置到原表之后；改变该副本表标签的颜

色,并重新命名,新表名需包含"分类汇总"字样。

6.通过分类汇总功能求出每个班各科的平均成绩,并将每组结果分页显示。

7.以分类汇总结果为基础,创建一个簇状柱形图,对每个班各科平均成绩进行比较,并将该图表放置在一个名为"柱状分析图"新工作表中。

【解题步骤】

☞ **第 1 小题**

步骤 1:打开考生文件夹下的"学生成绩单.xlsx"。

步骤 2:选中"学号"所在的列,单击鼠标右键,选择"设置单元格格式"命令,弹出"设置单元格格式"对话框。切换至"数字"选项卡,在"分类"组中选择"文本",单击"确定"按钮。

步骤 3:选中所有成绩列,单击鼠标右键,选择"设置单元格格式"命令,弹出"设置单元格格式"对话框,切换至"数字选项卡",在"分类"组中选择"数值",在小数位数微调框中设置小数位数为"2"后单击"确定"按钮即可。

步骤 4:选中 A1:L19 单元格,单击【开始】选项卡下【单元格】组中的"格式"下拉按钮,在弹出的下拉列表中选择"行高"命令,弹出"行高"对话框,设置加大原本行高值,例如,设置行高为"20",设置完毕后单击"确定"按钮。

步骤 5:单击【开始】选项卡下【单元格】组中的"格式"下拉按钮,在弹出的下拉列表中选择"列宽"命令,弹出"列宽"对话框,设置加大原本列宽值,例如,设置列宽为"10.5",设置完毕后单击"确定"按钮。

步骤 6:单击鼠标右键,在弹出的快捷菜单中选择"设置单元格格式",在弹出的"设置单元格格式"对话框中切换至"字体"选项卡,设置成与原来不同的字体字号,例如:在"字体"下拉列表框中设置字体为"黑体",在"字号"下拉列表中设置字号为"12"。

步骤 7:切换至"对齐"选项卡下,在"文本对齐方式"组中设置"水平对齐"与"垂直对齐"都为"居中"。

步骤 8:切换至"边框"选项卡,在"预置"选项中选择"外边框"和"内部"选项。

步骤 9:再切换至"填充"选项卡,在"背景色"组中选择任意颜色。

步骤 10:单击"确定"按钮,再单击"确定"按钮。

☞ **第 2 小题**

步骤 1:选中 D2:F19 单元格区域,单击【开始】选项卡下【样式】组中的"条件格式"下拉按钮,选择"突出显示单元格规则"中的"其他规则"命令,弹出"新建格式规则"对话框。在"编辑规则说明"选项下设置单元格值"大于或等于"110,然后单击"格式"按钮,弹出"设置单元格格式"对话框,在"填充"选项卡下选择任意一种颜色,单击"确定"按钮。

步骤 2:选中 G2:J19,按照上述同样方法,把单元格值大于 95 的字体颜色设置为红色

（或者其他颜色）。

☞ **第 3 小题**

步骤 1：选中 K2 单元格，在编辑栏中输入"＝SUM(D2:J2)"，按"Enter"键后该单元格值为"658.00"，拖动 K2 右下角的填充柄直至最下一行数据处，完成总分的填充。

步骤 2：选中 L2 单元格，在编辑栏中输入"＝AVERAGE(D2:J2)"，按"Enter"键后该单元格值为"94.00"，拖动 L2 右下角的填充柄直至最下一行数据处，完成平均分的填充。

☞ **第 4 小题**

步骤：选中 C2 单元格，在编辑栏中输入"＝CONCATENATE(MID(A2,4,1)，"班")"（或者"＝MID(A2,4,1)＆"班""），按"Enter"键后该单元格值为"1 班"，拖动 C2 右下角的填充柄直至最下一行数据处，完成班级的填充。

☞ **第 5 小题**

步骤 1：选中工作表"第一学期期末成绩"，单击鼠标右键，选择"移动或复制"命令，在弹出的对话框中，选中 Sheet2 工作表，并选中"建立副本"复选框，单击"确定"按钮。

步骤 2：然后在副本的工作表名上单击鼠标右键，在弹出的快捷菜单"工作表标签颜色"的级联菜单中选择"绿色"。

步骤 3：双击副本表名呈可编辑状态，重新命名为"第一学期期末成绩分类汇总"。

☞ **第 6 小题**

步骤 1：按照题意，首先对班级按升序进行排序，选中 C2:C19，单击【数据】选项卡下【排序和筛选】组中的"升序"按钮，弹出"排序提醒"对话框，单击"扩展选定区域"单选按钮。单击"排序"按钮后即可完成设置。

步骤 2：选中 D20 单元格，单击【数据】选项卡下【分级显示】组中的"分类汇总"按钮，弹出"分类汇总"对话框，单击"分类字段"组中的下拉按钮，选择"班级"选项，单击"汇总方式"组中的下拉按钮，选择"平均值"选项，在"选定汇总项"组中只勾选"语文"、"数学"、"英语"、"物理"、"化学"、"生物"、"政治"复选框。最后勾选"每组数据分页"复选框。

步骤 3：单击"确定"按钮。

☞ **第 7 小题**

步骤 1：按住 Ctrl 键，选中 c1:J1、c8:J8、c15:J15、c22:J22 单元格，单击【插入】选项卡下【图表】组中"柱形图"按钮，选择"簇状柱形图"，单击 Excel 文档中【数据】组中的"切换行/列"按钮。

步骤 2：剪切该簇状柱形图到 Sheet2 工作表中，把 Sheet2 工作表标签重命名为"柱状分析图"即可完成设置。

实例十六：月平均高温统计表

本实例教材

【知识点】

基础点：1—单元格合并及居中；2—公式计算 AVERAGE 函数；3—单元格格式设置；4—重命名工作表；5—设置图表(簇状柱形图)

【题目要求】

请按照题目要求打开相应的命令，完成下面的内容，具体要求如下：

1. 在文件夹下打开 excel. xlsx 文件，将 Sheet1 工作表的 A1:G1 单元格合并为一个单元格，内容水平居中。

2. 用公式计算近三年月平均高温。

3. 将"近三年月平均高温"行的数字设置为保留两位小数的数值，将 A2:G6 区域的底纹颜色设置为黄色、图案样式和颜色分别设置为 6.25%灰色和红色。

4. 将 Sheet1 工作表命名为"月平均高温统计表"。

5. 选取"月平均高温统计表"的 A2:G6 单元格区域，建立"簇状柱形图"，(系列产生在"行")图表标题为"月平均高温统计图"，图例位置靠上，将图插入到表的 A8:G20 单元格区域内，保存 excel. xlsx 文件。

【解题步骤】

☞ **第 1 小题**

选中 A1:G1，在【开始】选项卡的【对齐方式】组中，单击"合并后居中"按钮。

☞ **第 2 小题**

选中 B6 单元格，在编辑栏内输入公式：＝AVERAGE(B3:B5)，然后按 Enter 键，完成平均值的运算，然后利用自动填充功能，对 C6:G6 单元格进行填充计算。

☞ **第 3 小题**

步骤1：单击"开始"选项卡的"数字"组右下角扩展按钮。在打开的"设置单元格格式"对话框中选择"数字"选项卡，在"分类"中选择"数值"项，将"小数位数"设置为2。

步骤2：选中 A2:G6 单元格，单击"开始"选项卡的"数字"组右下角扩展按钮，在打开的"设置单元格格式"对话框中选择"填充"选项卡。

步骤3：在"背景色"区域选择黄色。

步骤4：在"图案样式"和"图案颜色"区域，选择题面要求的 6.25%灰色和红色。

☞ **第 4 小题**

选中"Sheet1"工作表标签,右击鼠标,选择"重命名",输入工作表名:"月平均高温统计表",按 Enter 键完成修改。

☞ **第 5 小题**

步骤 1:选中 A2:G6 单元格,单击"插入"选项卡"图表"组右下角扩展按钮,选择"簇状柱形图",点"确定"按钮。

步骤 2:在"图表工具"中选择"布局"选项卡,在"标签"组中点击"图表标题"命令,选择"图表上方"选项,在图表标题文本框中输入"武汉近三年月平均高温统计表"。

步骤 3:在"标签"组中点击"图例"下方倒三角按钮,选择"在顶部显示图例"。

步骤 4:调整图表的大小和位置,使图表位于表的 A8:G20 单元格区域内。

实例十七:产品季度销售情况统计

本实例教材

【知识点】

基础点:1－函数 VLOOKUP、单元格格式设置;2－函数 SUM、RANK;3－创建数据透视表

【题目要求】

在文件夹下打开工作簿 excel. xlsx,按照要求完成下列操作并以该文件名(excel. xlsx)保存工作簿。

某公司拟对其产品季度销售情况进行统计,打开"excel. xlsx"文件,按以下要求操作:

1. 分别在"一季度销售情况表"、"二季度销售情况表"工作表内,计算"一季度销售额"列和"二季度销售额"列内容,均为数值型,保留小数点后 0 位。

2. 在"产品销售汇总图表"内,计算"一二季度销售总量"和"一二季度销售总额"列内容,数值型,保留小数点后 0 位;在不改变原有数据顺序的情况下,按一二季度销售总额给出销售额排名。

3. 选择"产品销售汇总图表"内 A1:E21 单元格区域内容,建立数据透视表,行标签为产品型号,列标签为产品类别代码,求和计算一二季度销售额的总计,将表置于现工作表 G1 为起点的单元格区域内。

【解题步骤】

☞ **第 1 小题**

步骤 1:在文件夹下打开工作簿 excel. xlsx。在"一季度销售情况表"的 D2 单元格中

输入公式：＝VLOOKUP(B2,产品基本信息表！＄B＄1：＄C＄21,2,FALSE)＊C2,完成后按"Enter"键,选中 D2 单元格,将鼠标指针移动到该单元格右下角的填充柄上,当鼠标变为黑十字时,按住鼠标左键,拖动单元格填充柄到要填充的单元格中。

步骤 2：在"二季度销售情况表"的 D2 单元格中输入公式：＝VLOOKUP(B2,产品基本信息表！＄B＄2：＄C＄21,2,FALSE)＊C2,完成后按"Enter"键,选中 D2 单元格,将鼠标指针移动到该单元格右下角的填充柄上,当鼠标变为黑十字时,按住鼠标左键,拖动单元格填充柄到要填充的单元格中。

步骤 3：在"一季度销售情况表"中,选中单元格区域 D2：D21,单击【开始】选项卡下【数字】组的功能扩展按钮,弹出"设置单元格格式"对话框,在"数字"选项卡下的"分类"中选择"数值",在"小数位数"微调框中输入"0",单击"确定"按钮。

步骤 4：按步骤 3 的方法,设置"二季度销售情况表"的单元格区域 D2：D21 为数值型,保留小数点后 0 位。

☞ **第 2 小题**

步骤 1：在"产品销售汇总图表"的 C2 单元格中输入公式：＝SUM(一季度销售情况表！C2,二季度销售情况表！C2),完成后按"Enter"键,选中 C2 单元格,将鼠标指针移动到该单元格右下角的填充柄上,当鼠标变为黑十字时,按住鼠标左键,拖动单元格填充柄到要填充的单元格中。

步骤 2：在"产品销售汇总图表"的 D2 单元格中输入公式：＝SUM(一季度销售情况表！D2,二季度销售情况表！D2),完成后按"Enter"键,选中 D2 单元格,将鼠标指针移动到该单元格右下角的填充柄上,当鼠标变为黑十字时,按住鼠标左键,拖动单元格填充柄到要填充的单元格中。

步骤 3：在"产品销售汇总图表"中,选中单元格区域 C2：D21,单击【开始】选项卡下【数字】组的功能扩展按钮,弹出"设置单元格格式"对话框,在"数字"选项卡下的"分类"中选择"数值",在"小数位数"微调框中输入"0",单击"确定"按钮。

步骤 4：在"产品销售汇总图表"的 E2 单元格中输入公式：＝RANK(D2,＄D＄2：＄D＄21,0),完成后按"Enter"键,选中 E2 单元格,将鼠标指针移动到该单元格右下角的填充柄上,当鼠标变为黑十字时,按住鼠标左键,拖动单元格填充柄到要填充的单元格中。

☞ **第 3 小题**

步骤 1：在"产品销售汇总图表"中,单击【插入】选项卡下【表格】组中的【数据透视表】按钮,从弹出的下拉列表中选择"数据透视表",弹出"创建数据透视表"对话框,设置"表/区域"为"产品销售汇总图表！＄A＄1：＄E＄21",选择放置数据透视表的位置为现有工作表","位置"为"产品销售汇总图表！＄G＄1",单击"确定"按钮。

步骤 2：在"数据透视字段列表"任务窗格中拖动"产品型号"到行标签,拖动"产品类别代码"到列标签,拖动"一二季度销售总额"到数值。

步骤 3：单击"自定义快速访问工具栏中"的"保存"按钮,保存文件 excel.xlsx。

本实例教材

实例十八：家用电器年销量统计

【知识点】

基础点：1－重命名工作表；2－插入列、自动填充；3－单元格格式设置；4－单元格定义、公式函数 VLOOKUP；5－创建数据透视表；6－设置图表；7－保存文件

【题目要求】

小王是联华公司的销售部助理，负责对全公司的销售情况进行统计分析，并将结果提交给销售部经理。年底，他根据各门店提交的销售报表进行统计分析。打开"家用电器全年销量统计表.xlsx"，完成以下统计分析：

1. 将"Sheet1"工作表命名为"销售情况"，将"Sheet2"命名为"平均单价"。

2. 在"店铺"列左侧插入一个空列，输入列标题为"序号"，并以 001、002、003……的方式向下填充该列到最后一个数据行。

3. 将工作表标题跨列合并后居中并适当调整其字体、加大字号，并改变字体颜色。适当加大数据表行高和列宽，设置对齐方式及销售额数据列的数值格式（保留 2 位小数），并为数据区域增加边框线。

4. 将工作表"平均单价"中的区域 B3：C7 定义名称为"商品均价"。运用公式计算工作表"销售情况"中 F 列的销售额，要求在公式中通过 VLOOKUP 函数自动在工作表"平均单价"中查找相关商品的单价，并在公式中引用所定义的名称"商品均价"。

5. 为工作表"销售情况"中的销售数据创建一个数据透视表，放置在一个名为"数据透视分析"的新工作表中，要求针对各类商品比较各门店每个季度的销售额。其中：商品名称为报表筛选字段，店铺为行标签，季度为列标签，并对销售额求和。最后对数据透视表进行格式设置，使其更加美观。

6. 根据生成的数据透视表，在透视表下方创建一个簇状柱形图，图表中仅对各门店四个季度洗衣机的销售额进行比较。

7. 保存"家用电器全年销量统计表.xlsx"文件。

【解题步骤】

☞ 第 1 小题

步骤 1：打开文件夹下的"家用电器全年销量统计表.xlsx"文件。

步骤 2：双击"Sheet1"工作表标签名，待"Sheet1"呈选中状态后输入"销售情况"即可，按照同样的方式将"Sheet2"命名为"平均单价"。

☞ **第 2 小题**

步骤 1：在"销售情况"工作表中，选中"店铺"所在的列，单击鼠标右键，选择"插入"选项。

步骤 2：工作表中随即出现新插入的一列。

步骤 3：单击 A3 单元格，输入"序号"二字，选中"序号"所在的列，单击鼠标右键，选择"设置单元格格式"命令，弹出"设置单元格格式"对话框。切换至"数字"选项卡，在"分类"组中选择"文本"，单击"确定"按钮。

步骤 4：在 A4 单元格中输入"001"，然后鼠标移至 A4 右下角的填充柄处。

步骤 5：拖动填充柄继续向下填充该列，直到最后一个数据行。

☞ **第 3 小题**

步骤 1：选中 A1:F2 单元格，单击鼠标右键，选择"设置单元格格式"命令，弹出"设置单元格格式"对话框。在"对齐"选项卡下的"文本控制"组中，勾选"合并单元格"；在"文本对齐方式"组的"水平对齐"选项下选择"居中"。

步骤 2：切换至"字体"选项卡，在"字体"下拉列表中选择一种合适的字体，此处我们选择"黑体"。在"字号"下拉列表中选择一种合适的字号，此处我们选择"14"。在"颜色"下拉列表中选择合适的颜色，此处选择"绿色"。

步骤 3：单击"确定"后即可在工作表中看到设置后的实际效果。

步骤 4：选中 A1:F83 单元格，在开始选项卡下的单元格组中，单击"格式"下拉列表，选择"行高"命令，在对话框中输入合适的数值即可（题面要求加大行高，故此处设置需比原来的行高值大），例如：此处输入"18.5"，输入完毕后单击"确定"按钮即可。

步骤 5：按照同样的方式选择"列宽"命令，（题面要求加大列宽，故此处设置需比原来的列宽值大），例如：此处输入"9.5"，输入完毕后单击"确定"即可。

步骤 6：选中 A3:F83 单元格，在开始选项卡下的对齐方式组中选择合适的对齐方式，此处选择"居中"。

步骤 7：选中 A1:F83 单元格，单击鼠标右键，选择"设置单元格格式"命令，弹出"设置单元格格式"对话框。切换至"边框"选项卡，在"预置"组中选择"外边框"和"内部"按钮选项，在"线条"组的"样式"下选择一种线条样式，而后单击"确定"按钮即可。

步骤 8：选中"销售额"数据列，单击鼠标右键，选择"设置单元格格式"命令，弹出"设置单元格格式"对话框。切换至"数字"选项卡，在"分类"列表框中选择"数值"选项，在右侧的"示例"组中"小数位数"微调框输入"2"，设置完毕后单击"确定"按钮即可。

☞ **第 4 小题**

步骤 1：在"平均单价"工作表中选中 B3:C7 区域，单击鼠标右键，在弹出的下拉列表中选择"定义名称"命令，打开"新建名称"对话框。在"名称"中输入"商品均价"后单击"确定"按钮即可。

步骤 2：在"销售情况"工作表中，选中 F4 单元格，在编辑栏中输入公式：=

VLOOKUP(D4,商品均价,2,FALSE)＊E4,然后按 Enter 键确认即可得出结果,手动调整一下 F 列列宽,以显示所有数据。

步骤 3:拖动 F4 右下角的填充柄直至最后一行数据处,完成销售额的填充。

☞ 第 5 小题

步骤 1:选中 A3:F83 单元格,在【插入】选项卡下的【表格】组中单击"数据透视表"按钮,打开"创建数据透视表"对话框。在"选择一个表或区域"项下的"表/区域"框显示当前已选择的数据源区域。此处对默认选择不作更改。指定数据透视表存放的位置,即选中"新工作表",单击"确定"按钮即可。

步骤 2:Excel 会将空的数据透视表添加到指定位置并在右侧显示"数据透视表字段列表"窗口。双击"Sheet1",重命名为"数据透视分析"。

步骤 3:将鼠标放置于"商品名称"上,待鼠标箭头变为双向十字箭头后拖动鼠标到"报表筛选"中即可将商品名称作为报表筛选字段。按照同样的方式拖动"店铺"到"行标签"中、拖动"季度"到"列标签"中,拖动"销售额"至"数值"中。

步骤 4:对数据透视表进行适当的格式设置。单击数据透视表区域中的任意单元格,单击【开始】选项卡下【样式】组中的"套用表格格式"按钮,在弹出的样式中选择一种合适的样式,此处选择"浅色"组中的"数据透视表样式浅色 10"样式。

☞ 第 6 小题

步骤 1:单击数据透视表区域中的任意单元格,而后在"数据透视表工具"的【选项】选项卡下,单击【工具】组中的"数据透视图"按钮,打开"插入图表"对话框。

步骤 2:此处选择"簇状柱形图",单击"确定"按钮后弹出簇状柱形图。

步骤 3:在"数据透视图"中单击"商品名称"右侧下拉列表,单击"选项多项",只选择"洗衣机",取消选中其余选项。

步骤 4:单击"确定"按钮后,即可只显示各门店四个季度洗衣机的销售额情况,移动数据透视图到数据透视表下方。

步骤 5:最后单击"保存"按钮保存"家用电器全年销量统计表.xlsx"文件。

实例十九：新能源车销量统计

本实例教材

【知识点】

基础点:1－单元格格式设置;2－VLOOKUP 函数;3－乘法公式;4－RANK 函数;5－复制工作表、设置工作表标签颜色、重命名工作表;6－分类汇总;7－设置图表;8－保存文件

【题目要求】

打开"excel. xlsx"文件,按以下要求操作:

1. 请对"新能源乘用车销量统计"工作表进行格式调整(除标题外):调整工作表中数据区域,适当调整其字体、加大字号。适当加大数据表行高和列宽,设置对齐方式,增加适当的边框和底纹以使工作表更加美观。

2. 在"新能源乘用车销量统计"工作表的"单价(万元)"列中,设置"单价(万元)"列单元格格式,使其为数值型、保留 2 位小数。根据车型,使用 VLOOKUP 函数完成单价(万元)的自动填充。"单价(万元)"和"车型"的对应关系在"汽车报价"工作表中。

3. 在"新能源乘用车销量统计"工作表的"销售额(万元)"列中,计算 7 月份每种车型的"销售额(万元)"列的值,结果保留 2 位小数(数值型)。

4. 利用 RANK 函数,计算销售额"排名"列的内容。

5. 复制工作表"新能源乘用车销量统计",将副本放置到原表之后;改变该副本表标签颜色,并重命名,新表名需包含"分类汇总"字样。

6. 通过分类汇总功能求出每种品牌车的月平均销售额,并将每组结果分页显示。

7. 以分类汇总结果为基础,创建一个簇状柱形图,对各种品牌车月平均销售额进行比较,并将该图表放置在一个名为"品牌车销售额图表分析图"的新工作表中,该表置于"汽车报价"表之后。

8. 保存"excel. xlsx"文件。

【解题步骤】

☞ 第 1 小题

步骤 1:打开文件夹下的"excel. xlsx"文件。

步骤 2:选中 A2:G25 单元格,单击【开始】选项卡下【字体】组的扩展按钮,在弹出的对话框中,调整字体,加大字号。

步骤 3:在【单元格】组中单击"格式"下拉按钮,选择"行高",在弹出的对话框中输入合适的数值。以同样的方法加大列宽。

步骤 4:单击【对齐方式】组中的扩展按钮,在"对齐"选项卡下单击"水平对齐"下拉按钮,选择合适的对齐方式。

步骤 5:选中 A1:G25 单元格,单击【对齐方式】组中的扩展按钮,在"边框"选项卡下,设置单元格的边框。切换到"填充"选项卡下,选择一种合适的颜色。

☞ 第 2 小题

步骤 1:选中 E3:E25 单元格区域,单击【数字】组的扩展按钮,在"分类"中选择"数值",设置小数位数为 2,单击"确定"按钮。

步骤 2:选中 E3 单元格,在编辑栏中输入公式:＝VLOOKUP(A3,汽车报价! A＄3:C＄25,3,FALSE),按 Enter 键进行计算,向下拖动右下角自动填充柄,填充至 E25 单元格。

☞ 第 3 小题

步骤 1：选中 F3 单元格，输入公式：＝D3＊E3，按 Enter 键进行计算，向下拖动右下角自动填充柄，填充至 F254 单元格。

步骤 2：选中 F3:F25 单元格区域，按照题面要求设置数字格式。

☞ 第 4 小题

步骤：选中 G3 单元格，输入公式：＝RANK(F3,F＄3:F＄25)，按 Enter 键进行计算，向下拖动右下角自动填充柄，填充至 G25 单元格。

☞ 第 5 小题

步骤 1：右键单击"新能源乘用车销量统计"工作表标签，选择"移动或复制"，在弹出的对话框中选择"汽车报价"，并勾选"建立副本"复选框，单击"确定"按钮。

步骤 2：右键单击"新能源乘用车销量统计"工作表标签，选择"重命名"，输入包含"分类汇总"的工作表名。再次右键单击该工作表标签，在"工作表标签颜色"中任意选择一种颜色。

☞ 第 6 小题

步骤 1：在"分类汇总"工作表中选中 C3 单元格，单击【开始】选项卡下【编辑】组中的"排序和筛选"下拉按钮，选择"自定义排序"。在弹出的对话框中，设置"主要关键字"为"所属品牌"，单击"确定"按钮。

步骤 2：切换至【数据】选项卡，单击【分级显示】组中的"分类汇总"按钮。在弹出的对话框中，设置"分类字段"为"所属品牌"，"汇总方式"为"平均值"。取消选中"排名"复选框，选中"选定汇总项"中的"销售额（万元）"复选框，选中"每组数据分页"复选框，单击"确定"按钮。

步骤 3：单击行号左侧的所有"－"符号（保留最外侧的"－"符号），同时选中 C2:C38 和 F2:F38 单元格。在【插入】选项卡下单击【图表】组中的"柱形图"下拉按钮，选择"簇状柱形图"。

步骤 4：右键单击图表，选择剪切。进入 Sheet3 工作表，右键单击 A1 单元格，选择"粘贴选项"下的"使用目标主题"。双击 Sheet3 工作表标签，重命名为"品牌车销售额图表分析图"。

☞ 第 7 小题

步骤：单击"保存"按钮，保存文件。

实例二十：人口普查数据分析

本实例教材

【知识点】

基础点：1－新建 Excel 文档、重命名工作表；2－导入文本文件数据；3－设置套用表格格式、单元格格式设置；4－工作表合并、单元格格式设置、排序；5－公式计算（减法公式）；6－移动工作表

重难点：7－SUM、INDEX、MATCH、MAX/MIN、IF、COUNTIFS 及函数嵌套、数组公式；8-数据透视表

【题目要求】

我国每 10 年进行一次全国人口普查，以全国掌握全国人口的基本情况。请按照下列要求完成对第六次、第七次全国人口普查数据的统计分析：

1. 新建一个空白 Excel 文档，将工作表 Sheet1 更名为"第六次普查数据"，将 Sheet2 更名为"第七次普查数据"，将该文档以"全国人口普查数据分析.xlsx"为文件名进行保存。

2. 将以制表符分隔的文本文件"2010 年第六次全国人口普查主要数据.txt"导入到工作表"第六次普查数据"中，将以制表符分隔的文本文件"2020 年第七次全国人口普查主要数据.txt"导入到工作表"第七次普查数据"中，（要求均从 A1 单元格开始导入，不得对两个工作表中的数据进行排序）。

3. 对两个工作表中的数据区域套用合适的表格样式，要求至少四周有边框、且偶数行有底纹，并将所有人口数列的数字格式设为带千分位分隔符的整数。

4. 将两个工作表内容合并，合并后的工作表放置在新工作表"比较数据"中（自 A1 单元格开始），且保持最左列仍为地区名称、A1 单元格中的列标题为"地区"，对合并后的工作表适当地调整行高列宽、字体字号、边框底纹等，使其便于阅读。以"地区"为关键字对工作表"比较数据"进行升序排列。

5. 在合并后的工作表"比较数据"中的数据区域最右边依次增加"人口增长数"和"比重变化"两列，计算这两列的值，并设置合适的格式。

其中：人口增长数＝2020 年人口数－2010 年人口数；

比重变化＝2020 年比重－2010 年比重。

6. 打开工作簿"统计指标.xlsx"，将工作表"统计数据"插入到正在编辑的文档"全国人口普查数据分析.xlsx"中工作表"比较数据"的右侧。

7. 在工作簿"全国人口普查数据分析.xlsx"的工作表"统计数据"中的相应单元格内填入统计结果。

8. 基于工作表"比较数据"创建一个数据透视表，将其单独存放在一个名为"透视分

析"的工作表中。透视表中要求筛选出 2020 年人口数超过 5000 万的地区及其人口数、2020 年所占比重、人口增长数，并按人口数从多到少排序。最后适当调整透视表中的数字格式。（提示：行标签为"地区"，数值项依次为 2020 年人口数、2020 年比重、人口增长数）。

【解题步骤】

☞ 第 1 小题

步骤 1：在文件夹下单击鼠标右键，选择"新建"—"Microsoft Excel 工作表"，新建一个空白 Excel 文档，在新建的工作表中输入题目要求的文件名"全国人口普查数据分析.xlsx"，单击回车键，完成空白 Excel 文档新建操作。

步骤 2：打开"全国人口普查数据分析.xlsx"，双击工作表 Sheet1 的表名，在编辑状态下输入"第六次普查数据"，双击工作表 Sheet2 的表名，在编辑状态下输入"第七次普查数据"。

☞ 第 2 小题

步骤 1：在"第六次普查数据"工作表中，选中 A1 单元格，单击【数据】选项卡下【获取外部数据】组中的"自文本"按钮，弹出"导入文本文件"对话框，在该对话框中选择文件夹下的"2010 年第六次全国人口普查主要数据.txt"，然后单击"导入"按钮。

步骤 2：在文本导入向导中：

第一步：将文件原始格式设置为"65001：Unicode（UTF-8）"，这样才能识别导入的中文内容，单击"下一步"按钮；

第二步：选择分隔符号，只勾选"分隔符"列表中的"Tab 键"复选项，然后单击"下一步"按钮；

第三步：单击"完成"按钮，在"导入数据"对话框中直接单击"确定"按钮。

步骤 3：按照上述方法将文本文件"2020 年第七次全国人口普查主要数据.txt"导入到工作表"第七次普查数据"中。

☞ 第 3 小题

步骤 1：在工作表"第六次普查数据"中选中数据区域，在【开始】选项卡的【样式】组中单击"套用表格格式"下拉按钮，按照题目要求至少四周有边框且偶数行有底纹，此处可选择"表样式中等深浅 4"，单击"确定"按钮。在弹出的对话框中单击"是"按钮。选中 B 列，单击【开始】选项卡下【数字】组中对话框启动器按钮，弹出"设置单元格格式"对话框，在"数字"选项卡的"分类"下选择"数值"，在"小数位数"微调框中输入"0"，勾选"使用千位分隔符"复选框，然后单击"确定"按钮。

步骤 2：按照上述方法对工作表"第七次普查数据"套用合适的表格样式，要求至少四周有边框、且偶数行有底纹，此处可套用"表样式中等深浅 6"，并将所有人口数列的数字格式设为带千分位分隔符的整数。

☞ **第 4 小题**

步骤 1：双击工作表 Sheet3 的表名，在编辑状态下输入"比较数据"。在该工作表的 A1 中输入"地区"，按 Enter 键完成输入，重新选中 A1 单元格，然后在【数据】选项卡的【数据工具】组中单击"合并计算"按钮，弹出"合并计算"对话框，设置"函数"为"求和"，在"引用位置"文本框中键入第一个区域"第六次普查数据！＄A＄1：＄C＄34"，单击"添加"按钮，键入第二个区域"第七次普查数据！＄A＄1：＄C＄33"，单击"添加"按钮，在"标签位置"下勾选"首行"复选框和"最左列"复选框，然后单击"确定"按钮（之后可以调整一下数据位置，将"2010 年人口数（万人）"、"2010 年比重"列内容插入到"2020 年人口数（万人）"列之前）。

步骤 2：对合并后的工作表适当地调整行高列宽、字体字号、边框底纹等。选中 A1：G34，在【开始】选项卡下【单元格】组中单击"格式"下拉按钮，从弹出的下拉列表中选择"自动调整行高"，单击"格式"下拉按钮，从弹出的下拉列表中选择"自动调整列宽"。在【开始】选项卡下【字体】组中单击对话框启动器按钮，弹出"设置单元格格式"对话框，设置"字体"为"黑体"，字号为"12"，单击"边框"选项卡，单击"外边框"和"内部"后单击"确定"按钮。在【开始】选项卡的【样式】组中单击"套用表格格式"下拉按钮，弹出下拉列表，此处我们可选择"表样式浅色 14"，勾选"表包含标题"，单击"确定"按钮。

步骤 3：选中数据区域的任一单元格，单击【数据】选项卡下【排序和筛选】组中的【排序】按钮，弹出"排序"对话框，设置"主要关键字"为"地区"，"次序"为"升序"，单击"确定"按钮。

☞ **第 5 小题**

步骤 1：在合并后的工作表"比较数据"中的数据区域 F 和 G 中依次输入"人口增长数"和"比重变化"。

步骤 2：选中工作表"比较数据"中的 F2 单元格，在编辑栏中输入公式：＝D2-B2，完成后按"Enter"键。选中 G2 单元格，在编辑栏中输入公式：＝E2-C2，完成后按 Enter 键。

☞ **第 6 小题**

步骤 1：打开工作簿"统计指标.xlsx"。

步骤 2：选中工作表"统计数据"，单击鼠标右键，选择"移动或复制"命令，弹出"移动或复制工作表"对话框。

步骤 3：在"工作簿"中选择"全国人口普查数据分析.xlsx"，在"下列选定工作表之前"处，选择"（移至最后）"，点"确定"按钮后，完成工作表插入。

步骤 4：选中"统计数据"工作表标签，将其调整到"比较数据"的右侧即可。

☞ **第 7 小题**

步骤 1："统计数据"工作表中的公式如下：

C3＝SUM(比较数据！B2:B34)

D3＝SUM(比较数据！D2:D34)

D4＝SUM(比较数据!F2:F34)

C5＝INDEX(比较数据!A2:A34,MATCH(MAX(比较数据!B2:B34),比较数据!B2:B34,))

D5＝INDEX(比较数据!A2:A34,MATCH(MAX(比较数据!D2:D34),比较数据!D2:D34,))

C6＝INDEX(比较数据!A2:A34,MATCH(MIN(IF((比较数据!A2:A34＝"现役军人")＋(比较数据!A2:A34＝"难以确定常住地"),FALSE,比较数据!B2:B34)),比较数据!B2:B34,))

D6＝INDEX(比较数据! A2:A34,MATCH(MIN(IF((比较数据!A2:A34＝"现役军人")＋(比较数据!A2:A34＝"难以确定常住地"),FALSE,比较数据!D2:D34)),比较数据!D2:D34,))

D7＝INDEX(比较数据!A2:A34,MATCH(MAX(比较数据!F2:F34),比较数据!F2:F34,))

D8＝INDEX(比较数据!A1:A34,MATCH(MIN(IF((比较数据!A1:A34＝"现役军人")＋(比较数据!A1:A34＝"难以确定常住地"),FALSE,比较数据!F1:F34)),比较数据!F1:F34,))

D9＝COUNTIFS(比较数据!A2:A34,"＜＞现役军人",比较数据!A2:A34,"＜＞难以确定常住地",比较数据!F2:F34,"＜0")

注意:以上公式在编辑栏输入,按 Enter 键进行计算。C6 和 D6 单元格涉及数组公式,编辑公式后,按"CTRL＋SHIFT＋ENTER"组合键结束输入。

☞ 第 8 小题

步骤 1:在"比较数据"工作表中,单击【插入】选项卡下【表格】组中的【数据透视表】,从弹出的下拉列表中选择"数据透视表",弹出"创建数据透视表"对话框,设置"表/区域"为"比较数据!＄A＄1:＄G＄34",选择放置数据透视表的位置为"新工作表",单击"确定"按钮。双击新工作表的标签重命名为"透视分析"。

步骤 2:在"数据透视字段列表"任务窗格中拖动"地区"到行标签,拖动"2020 年人口数(万人)"、"2020 年比重"、"人口增长数"到数值。

步骤 3:单击行标签右侧的"标签筛选"按钮,在弹出的下拉列表中选择"值筛选",打开级联菜单,选择"大于",弹出"值筛选(地区)"对话框,在第一个文本框中选择"求和项:2010 年人口数(万人)",第二个文本框选择"大于",在第三个文本框中输入"5000",单击"确定"按钮。

步骤 4:选中 B4 单元格,单击【数据】选项卡下【排序和筛选】组中的"降序"按钮即可按人口数从多到少排序。

步骤 5:适当调整 B 列,使其格式为整数且使用千位分隔符。适当调整 C 列,使其格式为百分比且保留两位小数。

步骤 6:保存文档。

实例二十一：公司员工月工资表

本实例教材

【知识点】

基础点：1－单元格合并及居中、单元格文字字体格式设置；2－自动填充；3－单元格格式设置；4－设置列宽和行高、设置纸张大小及方向、设置工作表打印页；6－公式计算（减法运算）；7－复制工作表、重命名工作表

重难点：5－IFERROR 函数；8－为数据清单插入分类汇总

【题目要求】

文件夹下的"excel.xlsx"工作簿是景博公司 2021 年 7 月员工工资表。请你根据下列要求对该工资表进行整理和分析（提示：本题中若出现排序问题则采用升序方式）：

1.通过合并单元格，将表名"景博公司 2021 年 7 月员工工资表"放于整个表的上端、居中，并调整字体、字号。

2.在"序号"列中分别填入 1 到 15，将其数据格式设置为数值、保留 0 位小数、居中。

3.将"基础工资"（含）往右各列设置为会计专用格式、保留 2 位小数、无货币符号。

4.调整表格各列宽度、对齐方式，使得显示更加美观。并设置纸张大小为 A4、横向，整个工作表需调整在 1 个打印页内。

5.参考文件夹下的"工资薪金所得税率.xlsx"，利用 IF 函数计算"应交个人所得税"列。（提示：应交个人所得税＝应纳税所得额＊对应税率－对应速算扣除数）

6.利用公式计算"实发工资"列，公式为：实发工资＝应付工资合计－扣除社保－应交个人所得税。

7.复制工作表"2021 年 7 月"，将副本放置到原表的右侧，并命名为"分类汇总"。

8.在"分类汇总"工作表中通过分类汇总功能求出各部门"应付工资合计"、"实发工资"的和，每组数据不分页。

【解题步骤】

☞ 第 1 小题

步骤 1：打开文件夹下的 excel.xlsx。

步骤 2：在"2021 年 7 月"工作表中选中"A1:M1"单元格，单击【开始】选项卡下【对齐方式】组中的"合并后居中"按钮。

步骤 3：选中 A1 单元格，切换至【开始】选项卡下【字体】组，为表名"景博公司 2021 年 7 月员工工资表"选择合适的字体和字号，例如：选择设置为"黑体"和"18 号"。

☞ 第 2 小题

步骤 1：在"2021 年 7 月"工作表 A3 单元格中输入"1"，按住 Ctrl 键向下填充至单元格 A17。

步骤 2：选中"序号"列，单击鼠标右键，选择"设置单元格格式"命令，弹出"设置单元格格式"对话框。切换至"数字"选项卡，在"分类"列表框中选择"数值"命令，在右侧的"示例"组的"小数位数"微调框中输入"0"。

步骤 3：在"设置单元格格式"对话框中切换至"对齐"选项卡，在"文本对齐方式"组中"水平对齐"下拉列表框中选择"居中"，单击"确定"按钮关闭对话框。

☞ 第 3 小题

步骤：在"2021 年 7 月"工作表选中"E:M"列，单击鼠标右键，选择"设置单元格格式"命令，弹出"设置单元格格式"对话框。切换至"数字"选项卡，在"分类"列表框中选择"会计专用"，在"小数位数"微调框中输入"2"，在"货币符号"下拉列表框中选择"无"。

☞ 第 4 小题

步骤 1：在"2021 年 7 月"工作表中，单击【页面布局】选项卡下【页面设置】组中的"纸张大小"按钮，在弹出的下拉列表中选择"A4"。

步骤 2：单击【页面布局】选项卡下【页面设置】组中的"纸张方向"按钮，在弹出的下拉列表中选择"横向"。

步骤 3：适当调整表格各列宽度、对齐方式，使得显示更加美观，可以使用【开始】选项卡下【单元格】组中"格式"下的"自动调整行高"、"自动调整列宽"命令来调整。

步骤 4：选择"页面布局"选项卡，在"调整为合适大小"组中，设置"宽度"、"高度"均为"1 页"。

☞ 第 5 小题

步骤：选中"2021 年 7 月"工作表中的 L3 单元格，在编辑栏中输入公式：＝IFERROR(K3＊IF(K3＞80000,45％,IF(K3＞55000,35％,IF(K3＞35000,30％,IF(K3＞25000,25％,IF(K3＞12000,20％,IF(K3＞3000,10％,3％))))))-IF(K3＞80000,15160,IF(K3＞55000,7160,IF(K3＞35000,4410,IF(K3＞25000,2660,IF(K3＞12000,1410,IF(K3＞3000,210,0)))))),"")，按"Enter"后完成"应交个人所得税"的填充。然后向下填充公式到 L17 即可。

☞ 第 6 小题

步骤：在"2021 年 7 月"工作表 M3 单元格中输入公式：＝I3-J3-L3，按"Enter"键后完成"实发工资"的填充。然后向下填充公式到 M17 即可。

☞ 第 7 小题

步骤 1：选中"2021 年 7 月"工作表，单击鼠标右键，在弹出的快捷菜单中选择"移动或复制"命令。

步骤 2:在弹出的"移动或复制工作表"对话框中,在"下列选定工作表之前"列表框中选择"Sheet2",勾选"建立副本"复选框。设置完成后单击"确定"按钮即可。

步骤 3:选中"2021 年 7 月(2)"工作表,单击鼠标右键,在弹出的快捷菜单中选择"重命名"命令,更改工作表名为"分类汇总"。

☞ **第 8 小题**

步骤 1:在"分类汇总"工作表中,先选定 A2:M17 数据区域,单击【数据】选项卡下【排序和筛选】组中的"排序"命令按钮。

步骤 2:在"排序"对话框中,"主要关键字"选择为"部门","次序"设置为"升序",点"确定"按钮。

步骤 3:在要分类汇总的数据清单中,单击任一单元格,在【数据】选项卡中,单击【分级显示】组的"分类汇总"命令。

步骤 4:在"分类字段"下拉列表框中,选择"部门";"汇总方式"为"求和";"选定汇总项"设置为"应付工资合计","实发工资"。

步骤 5:不要选中"每组数据分页"复选框。最后单击"确定"按钮。

步骤 6:保存并关闭文件。

实例二十二:图书销量分析

本实例教材

【知识点】

基础点:2－数据排序、条件格式;4－迷你图
中等难点:1－VLOOKUP 函数;3－SUMIFS 函数;5/6－创建数据透视表及设置

【题目要求】

文档"excel.xlsx"为某图书销售公司 2019 年和 2020 年的图书产品销售情况,请你按照如下需求,对该文档进行统计分析,以便制订新一年的销售计划和工作任务。

1. 在"销售订单"工作表的"图书编号"列中,使用 VLOOKUP 函数填充所对应"图书名称"的"图书编号","图书名称"和"图书编号"的对照关系请参考"图书编目表"工作表。

2. 将"销售订单"工作表的"订单编号"列按照数值升序方式排序,并将所有重复的订单编号数值标记为红色(标准色)字体,然后将其排列在销售订单列表区域的顶端。

3. 在"2020 年图书销售分析"工作表中,统计 2020 年各类图书每月的销售量,并将统计结果填充在所对应的单元格中。为该表添加汇总行,在汇总行单元格中分别计算每月图书的总销量。

4. 在"2020 年图书销售分析"工作表中的 N4:N11 单元格中,插入用于统计销售趋势

的迷你折线图,各单元格中迷你图的数据范围为所对应图书的1月~12月销售数据。并为各迷你折线图标记销量的最高点和最低点。

5.根据"销售订单"工作表的销售列表创建数据透视表,并将创建完成的数据透视表放置在新工作表中,以A1单元格为数据透视表的起点位置。将工作表重命名为"2019年书店销量"。

6.在"2019年书店销量"工作表的数据透视表中,设置"日期"字段为列标签,"书店名称"字段为行标签,"销量(本)"字段为求和汇总项。并在数据透视表中显示2019年期间各书店每季度的销量情况。

提示:为了统计方便,请勿对完成的数据透视表进行额外的排序操作。

【解题步骤】

☞ **第1小题**

步骤:启动文件下的"excel. xlsx"工作表,选中"销售订单"工作表的E3单元格,在编辑栏中输入公式:=VLOOKUP(D3,图书编目表!\$A\$2:\$B\$9,2,FALSE),按"Enter"键完成图书名称的自动填充。

☞ **第2小题**

步骤1:选中A3:A678列单元格,单击【开始】选项卡下【编辑】组中的"排序和筛选"下拉按钮,在下拉列表中选择"自定义"排序,在打开的对话框中将"列"设置为订单编号,"排序依据"设置为数值,"次序"设置为升序,单击"确定"按钮。

步骤2:选中A3:A678列单元格,单击【开始】选项卡下【样式】组中的"条件格式"下拉按钮,选择"突出显示单元格规则"级联菜单中的"重复值"命令,弹出"重复值"对话框。单击"设置为"右侧的下拉按钮,在下拉列表中选择"自定义格式"即可弹出"设置单元格格式"对话框,单击"颜色"下的按钮选择标准色中的"红色",单击"确定"按钮。返回到"重复值"对话框中再次单击"确定"按钮。

步骤3:单击【开始】选项卡下【编辑】组中的"排序和筛选"下拉按钮,在下拉列表中选择"自定义排序",在打开的对话框中将"列"设置为"订单编号","排序依据"设置为"字体颜色","次序"设置为红色、在顶端,单击"确定"按钮。

☞ **第3小题**

步骤1:根据题意要求切换至"2020年图书销售分析"工作表中(以下公式均在编辑栏中输入,按enter键进行计算):

"1月"列公式(以B4单元格为例):=SUMIFS(销售订单!\$G\$3:\$G\$678,销售订单!\$B\$3:\$B\$678,">="&DATE(2020,1,1),销售订单!\$B\$3:\$B\$678,"<="&DATE(2020,1,31),销售订单!\$D\$3:\$D\$678,A4)

"2月"列公式(以C4单元格为例):=SUMIFS(销售订单!\$G\$3:\$G\$678,销售订单!\$B\$3:\$B\$678,">="&DATE(2020,2,1),销售订单!\$B\$3:\$B\$678,

"<="&DATE(2020,2,28),销售订单!＄D＄3：＄D＄678,A4)

"3月"列公式(以D4单元格为例):=SUMIFS(销售订单!＄G＄3：＄G＄678,销售订单!＄B＄3：＄B＄678,">="&DATE(2020,3,1),销售订单!＄B＄3：＄B＄678,"<="&DATE(2020,3,31),销售订单!＄D＄3：＄D＄678,A4)

"4月"列公式(以E4单元格为例):=SUMIFS(销售订单!＄G＄3：＄G＄678,销售订单!＄B＄3：＄B＄678,">="&DATE(2020,4,1),销售订单!＄B＄3：＄B＄678,"<="&DATE(2020,4,30),销售订单!＄D＄3：＄D＄678,A4)

"5月"列公式(以F4单元格为例):=SUMIFS(销售订单!＄G＄3：＄G＄678,销售订单!＄B＄3：＄B＄678,">="&DATE(2020,5,1),销售订单!＄B＄3：＄B＄678,"<="&DATE(2020,5,31),销售订单!＄D＄3：＄D＄678,A4)

"6月"列公式(以G4单元格为例):=SUMIFS(销售订单!＄G＄3：＄G＄678,销售订单!＄B＄3：＄B＄678,">="&DATE(2020,6,1),销售订单!＄B＄3：＄B＄678,"<="&DATE(2020,6,30),销售订单!＄D＄3：＄D＄678,A4)

"7月"列公式(以H4单元格为例):=SUMIFS(销售订单!＄G＄3：＄G＄678,销售订单!＄B＄3：＄B＄678,">="&DATE(2020,7,1),销售订单!＄B＄3：＄B＄678,"<="&DATE(2020,7,31),销售订单!＄D＄3：＄D＄678,A4)

"8月"列公式(以I4单元格为例):=SUMIFS(销售订单!＄G＄3：＄G＄678,销售订单!＄B＄3：＄B＄678,">="&DATE(2020,8,1),销售订单!＄B＄3：＄B＄678,"<="&DATE(2020,8,31),销售订单!＄D＄3：＄D＄678,A4)

"9月"列公式(以J4单元格为例):=SUMIFS(销售订单!＄G＄3：＄G＄678,销售订单!＄B＄3：＄B＄678,">="&DATE(2020,9,1),销售订单!＄B＄3：＄B＄678,"<="&DATE(2020,9,30),销售订单!＄D＄3：＄D＄678,A4)

"10月"列公式(以K4单元格为例):=SUMIFS(销售订单!＄G＄3：＄G＄678,销售订单!＄B＄3：＄B＄678,">="&DATE(2020,10,1),销售订单!＄B＄3：＄B＄678,"<="&DATE(2020,10,31),销售订单!＄D＄3：＄D＄678,A4)

"11月"列公式(以L4单元格为例):=SUMIFS(销售订单!＄G＄3：＄G＄678,销售订单!＄B＄3：＄B＄678,">="&DATE(2020,11,1),销售订单!＄B＄3：＄B＄678,"<="&DATE(2020,11,30),销售订单!＄D＄3：＄D＄678,A4)

"12月"列公式(以M4单元格为例):=SUMIFS(销售订单!＄G＄3：＄G＄678,销售订单!＄B＄3：＄B＄678,">="&DATE(2020,12,1),销售订单!＄B＄3：＄B＄678,"<="&DATE(2020,12,31),销售订单!＄D＄3：＄D＄678,A4)

拖动鼠标完成各单元格的填充运算。

步骤2:在A12单元格中输入"汇总"字样,然后选中B12单元输入公式:=SUM(B4:B11),按Enter键确定,将鼠标指针移动至B12单元格的右下角,按住鼠标并拖动拖至M12单元格中,松开鼠标完成填充运算。

☞ **第4小题**

步骤1:根据题意要求选择"2020年图书销售分析"工作表中的N4单元格,单击【插入】选项卡下【迷你图】组中的"折线图"按钮,在打开的对话框中"数据范围"输入为"B4：M4",在"位置范围"文本框中输入＄N＄4,单击"确定"按钮。

步骤 2:确定选中"迷你图工具",勾选"设计"选项卡下"显示"组中的"高点"、"低点"复选框。

步骤 3:将鼠标指针移动至 N4 单元格的右下角,按住鼠标并拖动拖至 N11 单元格中,松开鼠标完成填充。

☞ **第 5 小题**

步骤 1:根据题意要求切换至"销售订单"工作表中,单击【插入】选项卡下【表格】组中的"数据透视表"下拉按钮,在弹出的下拉列表中选择"数据透视表",在弹出的"创建数据透视表"对话框中将"表/区域"设置为表 1,选择"新工作表",单击"确定"按钮。

步骤 2:单击【选项】选项卡下【操作】组中的"移动数据透视表"按钮,在打开的"移动数据透视表"对话框中选中"现有工作表",将"位置"设置为"Sheet1！A1",单击"确定"按钮。

步骤 3:在工作表名称上单击鼠标右键,在弹出的快捷菜单中选择"重命名"命令,将工作表重命名为"2019 年书店销量"。

☞ **第 6 小题**

步骤 1:根据题意要求,在"2019 年书店销量"工作表的"数据透视表字段列表"窗格中将"日期"字段拖动至"列标签",将"书店名称"拖动至"行标签",将"销量(本)"拖动至"数值"中。

步骤 2:在数据透视表中,选中列标签中的任意一个日期,然后切换到"数据透视表工具"的"选项"选项卡中,单击"分组"选项组中的"将字段分组"按钮;

步骤 3:在打开的"分组"对话框的"自动"区域,"起始于"设置为:2019/1/1,终止于设置为:2012/12/31;

步骤 4:在"步长"区域,鼠标单击,取消默认选择的"月",选中"季度"和"年";

步骤 5:单击"确定"按钮,完成设置。

步骤 6:保存并关闭文件。

实例二十三：家庭开支明细表

本实例教材

【知识点】

基础点:1—单元格文字录入、合并单元格;2—单元格格式;3—单元格格式设置;4—排序;5—条件格式;7—复制移动工作表、设置工作表标签颜色、重命名工作表;8—分类汇总

重难点：6－函数 LOOKUP 与 MONTH 嵌套；9－图表创建与设置（折线图）

【题目要求】

文件夹下名为"家庭开支明细表.xlsx"的 Excel 工作簿记录了 2020 年明华家里的每个月各类支出的明细数据。请你根据下列要求帮助明华对明细表进行整理和分析：

1. 在工作表"简单生活"的第一行添加表标题"2020 年明华家开支明细表"，并通过合并单元格，放于整个表的上端、居中。

2. 将工作表应用一种主题，并增大字号，适当加大行高列宽，设置居中对齐方式，除表标题"2020 年明华家开支明细表"外为工作表分别增加恰当的边框和底纹以使工作表更加美观。

3. 将每月各类支出及总支出对应的单元格数据类型都设为"货币"类型，无小数、有人民币货币符号。

4. 通过函数计算每个月的总支出、各个类别月均支出、每月平均总支出；并按每个月总支出升序对工作表进行排序。

5. 利用"条件格式"功能：将月单项开支金额中大于 2500 元的数据所在单元格以不同的字体颜色与填充颜色突出显示；将月总支出额中大于月均总支出 150%的数据所在单元格以另一种颜色显示，所用颜色深浅以不遮挡数据为宜。

6. 在"年月"与"服装服饰"列之间插入新列"季度"，数据根据月份由函数生成，例如：1 至 3 月对应"1 季度"、4 至 6 月对应"2 季度"……

7. 复制工作表"简单生活"，将副本放置到原表右侧；改变该副本表标签的颜色，并重命名为"按季度汇总"；删除"月均开销"对应行。

8. 通过分类汇总功能，按季度升序求出每个季度各类开支的月均支出金额。

9. 在"按季度汇总"工作表后面新建名为"折线图"的工作表，在该工作表中以分类汇总结果为基础，创建一个带数据标记的折线图，水平轴标签为各类开支，对各类开支的季度平均支出进行比较，给每类开支的最高季度月均支出值添加数据标签。

【解题步骤】

☞ **第 1 小题**

步骤 1：打开文件"家庭开支明细表.xlsx"。

步骤 2：选中 A1:M1 单元格，单击【开始】选项卡下【对齐方式】组中的"合并后居中"按钮。在单元格内输入"2020 年明华家开支明细表"。

☞ **第 2 小题**

步骤 1：选中任意单元格，并按住 Ctrl＋A 键全选工作表。切换到【页面布局】选项卡下，单击【主题】组中的"主题"下拉按钮，任意选择一个主题。

步骤 2：切换到【开始】选项卡下，单击【字体】组中的"增大字体"按钮，适当增大字号。

步骤 3：单击【单元格】组中的"格式"下拉按钮，单击行高按钮，适当增大行高；单击列宽按钮,适当增大列宽。可将行高调整为 16,列宽调整为 10。

步骤 4:单击【对齐方式】组中的扩展按钮,在弹出的对话框中单击"水平对齐"下拉按钮,选择"居中",单击"确定"按钮。

步骤 5:选中 A2:M15 单元格区域,单击【字体】组中的"下框线"下拉按钮,选择"所有框线"。单击"填充颜色"下拉按钮,任意选择一种颜色。

☞ **第 3 小题**

步骤:选中 B3:M15 单元格区域,单击【数字】组中的扩展按钮,在"数字"选项卡下选择"货币",调整"小数位数"为 0,单击"货币符号"下拉按钮,选择"¥",单击"确定"按钮。

☞ **第 4 小题**

步骤 1:选中 M3 单元格,单击【编辑】组中的"自动求和"按钮,按 Enter 键确认输入,利用自动填充功能将其填充至 M14 单元格。

步骤 2:选中 B15 单元格,单击"自动求和"下拉按钮,选择"平均值",按 Enter 键确认输入,利用自动填充功能将其填充至 M15 单元格。

步骤 3:选中 A3:M14 单元格区域,单击【编辑】组中的"排序和筛选"下拉按钮,选择"自定义排序"。在弹出的对话框中,单击"主要关键字"下拉按钮,选择"总支出",单击"确定"按钮。

☞ **第 5 小题**

步骤 1:选中 B3:L14 单元格区域,在【样式】组中单击"条件格式"下拉按钮,选择"突出显示单元格规则"下的"大于"。在文本框中输入"¥2500",使用默认设置"浅红填充色深红色文本",单击"确定"按钮。

步骤 2:选中 M3:M14 单元格区域,单击"条件格式"下拉按钮,选择"突出显示单元格规则"下的"大于"。在文本框中输入"=＄M＄15＊1.5",设置颜色为"黄填充色深黄色文本",单击"确定"按钮。

☞ **第 6 小题**

步骤 1:选中 B 列,右键单击,选择"插入"。在 B2 单元格中输入"季度"。

步骤 2:选中 B3 单元格,在编辑栏中输入公式:=LOOKUP(MONTH(A3),{1,4,7,10;"1","2","3","4"})&"季度",按 Enter 键确认输入,利用自动填充功能将其填充至 B14 单元格。

☞ **第 7 小题**

步骤 1:右键单击工作表名,选择"移动或复制",在"下列选定工作表之前"列表框中单击"(移至最后)",勾选"建立副本"复选框,单击"确定"按钮。

步骤 2:右键单击"简单生活(2)"工作表名,在"工作表标签颜色"中选择任意一种颜色。

步骤 3:双击该工作表名,将工作表重命名为"按季度汇总"。

步骤 4:选中"月均开销"行,右键单击,选择"删除"。

☞ **第 8 小题**

步骤 1：选中 B 列的一个单元格，如 B3。单击【编辑】组中的"排序和筛选"下拉按钮，选择升序。

步骤 2：切换至【数据】选项卡，选择【分级显示】选项组下的"分类汇总"按钮，弹出"分类汇总"对话框，在"分类字段"中选择"季度"、在"汇总方式"中选择"平均值"，在"选定汇总项中"不勾选"年月"、"季度"、"总支出"复选框，其余全选，单击"确定"按钮。

☞ **第 9 小题**

步骤 1：单击【按季度汇总】工作表左侧的标签数字"2"（在全选按钮左侧），选择 B2：M18 单元格区域，切换至【插入】选项卡，在【图表】选项组中单击"折线图"下拉按钮，选择"带数据标记的折线图"。在【图表工具】|【设计】选项卡下，单击【数据】组中的"切换行/列"按钮。

步骤 2：单击【位置】组中的"移动图表"按钮，在弹出的对话框中选中"新工作表"单选按钮，输入工作表名"折线图"，单击"确定"按钮。

步骤 3：选择"折线图"工作表标签，在标签处单击鼠标右键选择【移动或复制】按钮，在弹出的"移动或复制工作表"对话框中勾选【移至最后】复选框，单击"确定"按钮。

步骤 4：单击【图表工具】|【布局】选项卡下【标签】组中的"数据标签"下拉按钮，选择"左"。

步骤 5：选中一个数据标签，按 Delete 键删除，只留下每类开支的最高季度月均支出值的数据标签。

步骤 6：单击"保存"按钮，保存文件。

实例二十四：新东方公司图书销量统计

本实例教材

【知识点】

基础点：1—文件另存为；2—去除重复项；3—函数 VLOOKUP；4—函数 IF、设置显示精度

重难点：5—VLOOKUP 与 MID 嵌套；6—创建数据透视表；7— SUMIFS 与 DATE 嵌套

【题目要求】

请根据"excel_素材.xlsx"文件内容，按照如下要求对 2019 年和 2020 年的新东方图书公司的图书销售情况进行统计分析：

1. 打开"excel_素材.xlsx"文件，将其另存为"excel.xlsx"，之后所有的操作均在"excel.xlsx"文件中进行。

2. 在"订单明细"工作表中，删除订单编号重复的记录（保留第一次出现的那条记录），

但须保持原订单明细的记录顺序。

3.在"订单明细"工作表的"单价"列中,利用 VLOOKUP 公式计算并填写相对应图书的单价金额。图书名称与图书单价的对应关系可参考工作表"图书定价"。

4.如果每笔订单的图书销量超过 40 本(含 40 本),则按照图书单价的 9.3 折进行销售;否则按照图书单价的原价进行销售。按照此规则,计算并填写"订单明细"工作表中每笔订单的"销售额小计",保留 2 位小数。要求该工作表中的金额以显示精度参与后续的统计计算。

5.根据"订单明细"工作表的"发货地址"列信息,并参考"城市对照"工作表中省市与销售区域的对应关系,计算并填写"订单明细"工作表中每笔订单的"所属区域"。

6.根据"订单明细"工作表中的销售记录,分别创建名为"北部"、"南部"、"西部"和"东部"的工作表,这 4 个工作表中分别统计本销售区域各类图书的累计销售金额,统计格式请参考"excel_素材.xlsx"文件中的"统计样例"工作表。将这 4 个工作表中的金额设置为带千分位的、保留两位小数的数值格式。

7.在"统计报告"工作表中,分别根据"统计项目"列的描述,计算并填写所对应的"统计数据"单元格中的信息。

【解题步骤】

☞ **第 1 小题**

步骤:打开文件夹下的"excel 素材.xlsx"文件,单击【文件】选项卡,选择"另存为",在弹出的对话框中输入文件名"excel.xlsx",单击"保存"按钮。

☞ **第 2 小题**

步骤:在"订单明细"工作表中选中任意一个单元格,切换至【数据】选项卡,单击【数据工具】选项组中的【删除重复项】按钮,在弹出的对话框中单击"取消全选"按钮,选中"订单编号"复选框,单击"确定"按钮。

☞ **第 3 小题**

步骤:选中"订单明细"工作表的 E3 单元格,在编辑栏中输入"＝VLOOKUP(D3,图书定价!＄A＄3:＄B＄19,2,FALSE)",按 Enter 键计算结果,利用自动填充功能填充该列其余单元格。

☞ **第 4 小题**

步骤:选中"订单明细"工作表的 I3 单元格,在编辑栏中输入"＝IF(F3≥40,E3＊0.93＊F3,E3＊F3)",按 Enter 键计算结果,利用自动填充功能填充该列其余单元格。

☞ **第 5 小题**

步骤:选中"订单明细"工作表的 H3 单元格,在编辑栏中输入"＝VLOOKUP(MID(G3,1,3),城市对照!＄A＄3:＄B＄25,2,FALSE)"。按 Enter 键计算结果,利用自动填充功能填充该列其余单元格。

☞ **第 6 小题**

步骤 1：单击工作表标签最右侧的"插入工作表"按钮，双击工作表标签，重命名为"北部"。按照同样的方法创建其余三张工作表。

步骤 2：进入"订单明细"工作表，切换至【插入】选项卡，单击【表格】组中的"数据透视表"下拉按钮，选择"数据透视表"。在弹出的对话框中，选中【现有工作表】单选按钮，将光标定位在"位置"文本框中，单击"北部"工作表的 A1 单元格，单击"确定"按钮。

步骤 3：将【所属区域】拖拽至【报表筛选】，将【图书名称】拖拽至【行标签】，将【销售额小计】拖拽至【数值】。单击 B2 单元格右侧下拉按钮，选择"北部"，单击"确定"按钮。

步骤 4：选中数据区域 B 列，切换到【开始】选项卡，单击【数字】组的扩展按钮，在弹出的对话框中选择"分类"组中的"数值"，勾选"使用千分位分隔符"复选框，"小数位数"设为"2"，单击"确定"按钮。

步骤 5：双击 B3 单元格，弹出"值字段设置"对话框，在自定义名称中修改标题为"销售额"，单击"确定"按钮。

步骤 6：按以上方法分别完成"南部"、"西部"和"东部"工作表的设置。

☞ **第 7 小题**

步骤 1：选中"统计报告"工作表的 B3 单元格，在编辑栏中输入"=SUMIFS(订单明细!I3:I636,订单明细!B3:B636,">="&DATE(2020,1,1),订单明细!B3:B636,"<="&DATE(2020,12,31))"。然后选择【B4:B7】单元格，按 Delete 键删除。

步骤 2：选中 B4 单元格，在编辑栏中输入"=SUMIFS(订单明细!I3:I636,订单明细!B3:B636,">="&DATE(2019,1,1),订单明细!B3:B636,"<="&DATE(2019,12,31),订单明细!D3:D636,"《人民法院案例选》")"。

步骤 3：选中 B5 单元格，在编辑栏中输入"=SUMIFS(订单明细!I3:I636,订单明细!B3:B636,">="&DATE(2020,7,1),订单明细!B3:B636,"<="&DATE(2020,9,30),订单明细!C3:C636,"广通书店")"。

步骤 4：选中 B6 单元格，在编辑栏中输入"=SUMIFS(订单明细!I3:I636,订单明细!B3:B636,">="&DATE(2019,1,1),订单明细!B3:B636,"<="&DATE(2019,12,31),订单明细!C3:C636,"广通书店")/12"。

步骤 5：选中 B7 单元格，在编辑栏中输入"=SUMIFS(订单明细!I3:I636,订单明细!B3:B636,">="&DATE(2020,1,1),订单明细!B3:B636,"<="&DATE(2020,12,31),订单明细!C3:C636,"广通书店")/SUMIFS(订单明细!I3:I636,订单明细!B3:B636,">="&DATE(2020,1,1),订单明细!B3:B636,"<="&DATE(2020,12,31))"，设置数字格式为百分比，保留两位小数。

步骤 6：单击"文件"选项卡，选择"选项"，在弹出的对话框中选择"高级"。勾选"计算此工作簿时"组中的"将精度设为所显示的精度"复选框，单击"确定"按钮。

步骤 7：保存"excel.xlsx"文件。

实例二十五：学生期末成绩分析表

本实例教材

【知识点】

基础点：1－文档另存操作；2－插入列设置、单元格格式设置；3－设置套用表格格式；5－工作表标签设置；8－单元格合并、改变文字的字体；9－保存文件

中等难点：4－条件格式

重难点：6－公式函数（SUM、AVERAGE、RANK）；7－设置图表、移动图表

【题目要求】

文件夹下"素材.xlsx"文件是某法学院 2019 级四个教学班的期末成绩，请根据该文件，完成学生期末成绩分析表的制作。具体要求如下：

1.将"素材.xlsx"另存为"成绩分析.xlsx"的文件，所有的操作基于此新保存好的文件。

2.在"法一"、"法二"、"法三"、"法四"工作表中表格内容的右侧，分别按序插入"总分"、"平均分"、"班内排名"列；并在这四个工作表表格内容的最下面增加"平均分"行。所有列的对齐方式设为居中，其中"班内排名"列数值格式为整数，其他成绩统计列的数值均保留 1 位小数。

3.为"法一"、"法二"、"法三"、"法四"工作表内容套用"表样式中等深浅 5"的表格格式，并设置表包含标题。

4.在"法一"、"法二"、"法三"、"法四"工作表中，利用公式分别计算"总分"、"平均分"、"班内排名"列的值和最后一行"平均分"的值。对学生成绩不及格（小于 60）的单元格突出显示为"橙色（标准色）填充色，红色（标准色）文本"格式。

5.在"总体情况表"工作表中，更改工作表标签为紫色，并将工作表内容套用"表样式中等深浅 5"的表格格式，设置表包含标题；将所有列的对齐方式设为居中；并设置"排名"列数值格式为整数，其他成绩列的数值格式保留 1 位小数。

6.在"总体情况表"工作表 B3：J6 单元格区域内，计算填充各班级每门课程的平均成绩；并计算"总分"、"平均分"、"总平均分"、"排名"所对应单元格的值。

7.依据各课程的班级平均分，在"总体情况表"工作表 A9：M30 区域内插入二维的簇状柱形图，水平簇标签为各班级名称，图例项为各课程名称。

8.将该文件中所有工作表的第一行根据表格内容合并为一个单元格，并改变默认的字体、字号，使其成为当前工作表的标题。

9.保存"成绩分析.xlsx"文件。

【解题步骤】

☞ **第 1 小题**

步骤 1：打开文件夹下的"素材.xlsx"素材文件。

步骤 2：单击【文件】选项卡下的"另存为"按钮，弹出【另存为】对话框，在该对话框中将"文件名"设为"成绩分析.xlsx"，将其保存于文件夹下。

☞ **第 2 小题**

步骤 1：在"法一"工作表中，在 L2 单元格中输入文字"总分"，在 M2 单元格中输入文字"平均分"，在 N2 单元格中输入文字"班内排名"，在 A28 单元格,中输入文字为"平均分"。

步骤 2：选中 A1:N28 单元格区域，单击【开始】选项卡下【对齐方式】选项组中的居中按钮，使所有列的对齐方式都为居中。

步骤 3：选中 N3:N27 单元格区域，单击【开始】选项卡下【数字】选项组中的扩展按钮，弹出"设置单元格格式"对话框，在"数字"选项卡中"分类"列表框中选择"数值"选项，将"小数位数"设置为 0，单击"确定"按钮。

步骤 4：选中 C3:M28 单元格，单击【开始】选项卡下【数字】选项组中的扩展按钮，弹出"设置单元格格式"对话框，在"数字"选项卡中"分类"列表框中选择"数值"选项，将"小数位数"设置为 1，单击"确定"按钮。

步骤 5：按步骤 1—4 相同的方法，依次设置"法二"、"法三"、"法四"工作表的内容。

☞ **第 3 小题**

步骤 1：在"法一"工作表中选择 A2:N28 单元格，单击【开始】选项卡下【样式】组中的"套用表格格式"按钮，在下方选择"表样式中等深浅 5"的表格格式。

步骤 2：在弹出的"套用表格式"对话框中勾选"表包含标题(M)"复选框，单击"确定"按钮。

步骤 3：按步骤 1—2 相同的方法，为"法二"、"法三"、"法四"工作表内容套用"表样式中等深浅 5"的表格格式，并设置表包含标题。

☞ **第 4 小题**

步骤 1：进入到"法一"工作表，选中 L3 单元格，在编辑栏中输入公式：＝SUM(C3：K3)，按 Enter 键进行计算，拖动右下角的填充柄向下填充到 L27 单元格，即可得到个人总分。

步骤 2：选中在 M3 单元格，在编辑栏中输入公式：＝AVERAGE(C3：K3)，按 Enter 键进行计算，拖动右下角的填充柄向下填充到 M27 单元格，即可得到个人平均分。

步骤 3：选中 N3 单元格，在编辑栏中输入公式：＝RANK(L3，＄L＄3：＄L＄27，0)，按 Enter 键进行计算，拖动右下角的填充柄向下填充到 N27 单元格，即可得到班内排名。

步骤 4：选中 C28 单元格，在编辑栏中输入公式：＝AVERAGE(C3：C27)，按 Enter 键进行计算,拖动右下角的填充柄向右填充到 K28 单元格,即可得到各科平均分。

步骤 5:选中 C3:K27 单元格区域,单击【开始】选项卡下【样式】组中的【条件格式】下拉按钮,在下拉列表中选择"突出显示单元格规则"中的"小于",弹出"小于"对话框。在"为小于以下值的单元格设置格式"文本框中输入"60",单击"设置为"右侧的下三角按钮,在弹出的下拉菜单中选择"自定义格式"命令。

步骤 6:弹出"设置单元格格式"对话框,切换至"字体"选项卡,将颜色设置为"红色"。

步骤 7:切换至"填充"选项卡,将背景色设置为"橙色",单击"确定"按钮。返回到"小于"对话框,再次单击"确定"按钮。

步骤 8:按步骤 1—5 相同的方法,为"法二"、"法三"、"法四"工作表计算成绩和设置格式。(条件格式也可使用格式刷)

☞ 第 5 小题

步骤 1:在"总体情况表"工作表标签上单击鼠标右键,在弹出的快捷菜单中选择【工作表标签颜色】命令级联菜单栏中的"紫色"。

步骤 2:选择 A2:M7 单元格区域,单击【开始】选项卡—【样式】选项组中的【套用表格格式】按钮,在下方选择【表样式中等深浅 5】的表格格式。并在弹出的【套用表格式】对话框中勾选【表包含标题(M)】复选框,单击"确定"按钮即可。

步骤 3:使用前面讲过的方法,将所有列的对齐方式设为居中,设置"排名"列数值格式为整数,设置其他成绩列的数值格式保留 1 位小数。

☞ 第 6 小题

步骤 1:在"总体情况表"工作表中,选中 B3 单元格,在编辑栏中输入"=",切换到"法一"工作表中,单击 C28 单元格,再单击编辑栏左侧的输入按钮,即可将"法一"班英语课程的平均成绩填充至"总体情况表中"。拖动右下角的填充柄向右填充到 J3 单元格,即可得到各科平均分。

步骤 2:按照同样的方法,填充"法二"、"法三"、"法四"班每门课程的平均成绩。

步骤 3:选中 K3 单元格,在编辑栏中输入公式:=SUM(B3:J3),按 Enter 键进行计算,拖动右下角的填充柄向下填充到 K6 单元格,即可得到班级总分。

步骤 4:选中 L3 单元格,在编辑栏中输入公式:=AVERAGE(B3:J3),按 Enter 键进行计算,拖动右下角的填充柄向下填充到 L6 单元格,即可得到班级平均分。

步骤 5:选中 M3 单元格,在编辑栏中输入公式:=RANK(K3,＄K＄3:＄K＄6,0),按 Enter 键进行计算,拖动右下角的填充柄向下填充到 M6 单元格,即可得到班级排名。

步骤 6:选中 B7 单元格,在编辑栏中输入公式:=AVERAGE(B3:B6),按 Enter 键进行计算,拖动右下角的填充柄向右填充到 L7 单元格,即可得到总平均分。

☞ 第 7 小题

步骤 1:在"总体情况表"中选择 A2:J6 单元格区域,单击【插入】选项卡【图表】选项组中的"柱形图"下拉按钮,选择二维柱形图中的簇状柱形图。此时,水平簇标签为各班级名称,图例项为各课程名称。

步骤2:拖动图形边缘,调整大小,使其放置于工作表的A9:M30区域中。

☞ 第8小题

步骤1:切换至"法一"工作表,选中A1:N1单元格区域,单击【开始】选项卡下【对齐方式】选项组中的"合并后居中"按钮,并在【字体】组中改变字体、字号。

步骤2:使用同样的方法,设置"法二"、"法三"、"法四"工作表的标题。

步骤3:在工作表"总体情况表"中,单元格区域为A1:M1,其他设置相同。

☞ 第9小题

步骤:单击"保存"按钮,保存文件。

本实例教材

实例二十六:销售业绩表

【知识点】

基础点:1—文档另存操作;3/4—单元格格式

重难点:2/3/4/5—函数 SUM、RANK、COUNTIFS、MAX/LARGE;6—创建数据透视表;7—设置图表

【题目要求】

请按照如下要求对 Tonwy 公司上半年产品销售情况进行统计分析,并对销售计划执行情况进行评估:

1. 在文件夹下,打开"excel 素材.xlsx"文件,将其另存为"excel.xlsx"(".xlsx"为扩展名),之后所有的操作均基于此文件。

2. 在"销售业绩表"工作表的"个人销售总计"列中,通过公式计算每名销售人员1月～6月的销售总和。

3. 依据"个人销售总计"列的统计数据,在"销售业绩表"工作表的"销售排名"列中通过公式计算销售排行榜,个人销售总计排名第一的,显示"第1名";个人销售总计排名第二的,显示"第2名";以此类推。

4. 在"按月统计"工作表中,利用公式计算1～6月的销售达标率,即销售额大于60000元的人数所占比例,并填写在"销售达标率"行中。要求以百分比格式显示计算数据,并保留2位小数。

5. 在"按月统计"工作表中,分别通过公式计算各月排名第1、第2和第3的销售业绩,并填写在"销售第1名业绩"、"销售第2名业绩"和"销售第3名业绩"所对应的单元格中。要求使用人民币会计专用数据格式,并保留2位小数。

6.依据"销售业绩表"中的数据明细,在"按部门统计"工作表中创建一个数据透视表,并将其放置于 A1 单元格。要求可以统计出各部门的人员数量,以及各部门的销售额占销售总额的比例。数据透视表效果可参考"按部门统计"工作表中的样例。

7.在"销售评估"工作表中创建一标题为"销售评估"的图表,借助此图表可以清晰反映每月"产品一销售额"和"产品二销售额"之和,与"计划销售额"的对比情况。图表效果可参考"销售评估"工作表中的样例。

【解题步骤】

☞ **第 1 小题**

步骤:在文件夹下打开"素材.xlsx",单击【文件】选项卡,选择"另存为"。在弹出的对话框里输入文件名"excel.xlsx",单击"保存"按钮。

☞ **第 2 小题**

步骤:进入"销售业绩表"工作表,选中 J3 单元格,在编辑栏中输入公式:=SUM(D3:I3),按 Enter 键进行计算,向下拖动自动填充柄,填充至 J46 单元格。

☞ **第 3 小题**

步骤:选中 K3 单元格,在编辑栏中输入公式:=RANK(J3,$J$3:$J$46,0),按 Enter 键进行计算,选中 K3 单元格,单击【开始】选项卡下【数字】组中的扩展按钮,在"分类"中选择"自定义",设置类型为:"第"G/通用格式"名",单击"确定"按钮。向下拖动自动填充柄,填充至 K46 单元格。

☞ **第 4 小题**

步骤:进入"按月统计"工作表,选中 B3 单元格,在编辑栏中输入公式:=COUNTIFS(销售业绩表!D$3:D$46,">60000")/COUNT(销售业绩表!D$3:D$46),按 Enter 键进行计算,选中 B3 单元格,单击【开始】选项卡下【数字】组中的扩展按钮,在"分类"中选择"百分比",小数位数为:2,单击"确定"按钮。向右拖动自动填充柄,填充至 G3 单元格。

☞ **第 5 小题**

步骤 1:选中 B4 单元格,在编辑栏中输入公式:=MAX(销售业绩表!D$3:D$46),按 Enter 键进行计算。

步骤 2:选中 B5 单元格,在编辑栏中输入公式:=LARGE(销售业绩表!D$3:D$46,2),按 Enter 键进行计算。

步骤 3:选中 B6 单元格,在编辑栏中输入公式:=LARGE(销售业绩表!D$3:D$46,3),按 Enter 键进行计算。

步骤 4:选中 B4:B6 单元格,单击【数字】组中的扩展按钮,在"分类"中选择"会计专用",设置小数位数为 2,货币符号设置:￥,单击"确定"按钮。

步骤 5:保持 B4:B6 单元格被选中的状态,向右拖动自动填充柄,填充到 G6 单元格。

☞ **第 6 小题**

步骤 1：在"销售业绩表"工作表中，选中 A2 单元格，单击【插入】选项卡下【表格】组中的"数据透视表"按钮，在"选择放置数据透视表的位置"选中"现有工作表"，位置设置为：按部门统计！＄A＄1，单击"确定"按钮。

步骤 2：将销售团队字段拖动到行标签，销售排名拖动到数值，再拖动个人销售总计到数值（注意先后顺序）。

步骤 3：选中 A1 单元格，在编辑栏修改为：部门，按 Enter 键。

步骤 4：在数值区域，选中销售排名字段，选择"值字段设置"，在弹出的对话框中，计算类型选择"计数"，修改自定义名称：销售团队人数，单击"确定"按钮。

步骤 5：在数值区域，选中个人销售总计字段，选择"值字段设置"，在弹出的对话框中，修改自定义名称：各部门所占销售比例，切换到"值显示方式"选项卡，单击值显示方式下拉列表按钮，选择"列汇总的百分比"，单击"确定"按钮。

☞ **第 7 小题**

步骤 1：在"销售评估"工作表中，选中 A2:G5 数据区域，单击【插入】选项卡下【图表】组中的"柱形图"下拉按钮，选择"堆积柱形图"。

步骤 2：选中"计划销售额"系列数据，右击鼠标，选择"设置数据系列格式"，在"系列选项"中，设置"系列绘制在"次坐标轴，分类间距设置为"50％"。

步骤 3：切换到填充选项卡，选择无填充，切换到边框颜色选项卡，设置为实线，红色，切换到边框样式选项卡，设置宽度为 2 磅，单击"关闭"按钮，手动调整图表大小和位置。

步骤 4：单击【图表工具】选项卡下【布局】中【坐标轴】组中的"坐标轴"下拉按钮，选择"次要纵坐标轴"，选择"无"。

步骤 5：单击【图表工具】选项卡下【布局】中【标签】组中"图例"下拉按钮，选择"在底部显示图例"。

步骤 6：单击【图表工具】选项卡下【布局】中【标签】组中"图表标题"下拉按钮，选择"图表上方"，输入标题：销售评估。

步骤 7：右键单击主要纵坐标轴区域，选择设置坐标轴格式。在弹出的"设置坐标轴格式"对话框中，选中"主要刻度单位"右侧的"固定"单选按钮，在文本框中输入"500000.00"，单击"关闭"按钮。

步骤 8：单击"保存"按钮，保存文件。

实例二十七：公司差旅费统计分析

【知识点】

基础点：1－单元格格式设置（自定义）

重难点：2－IF 与 WEEKDAY 嵌套；3－函数 LEFT；4－函数 VLOOKUP；5－SUMIFS 与 DATE 嵌套；6/7/8－SUMIFS、SUM

【题目要求】

在文件夹下打开文档 excel.xlsx。

请按照如下需求，在 excel.xlsx 文档中完成 2020 年度 CONWY 公司差旅报销情况：

1. 在"费用报销管理"工作表"日期"列的所有单元格中，标注每个报销日期属于星期几，例如日期为"2020 年 1 月 20 日"的单元格应显示为"2020 年 1 月 20 日星期一"，日期为"2020 年 1 月 21 日"的单元格应显示为"2013 年 1 月 21 日星期二"。

2. 如果"日期"列中的日期为星期六或星期日，则在"是否加班"列的单元格中显示"是"，否则显示"否"（必须使用公式）。

3. 使用公式统计每个活动地点所在的省份或直辖市，并将其填写在"地区"列所对应的单元格中，例如"北京市""浙江省"。

4. 依据"费用类别编号"列内容，使用 VLOOKUP 函数，生成"费用类别"列内容。对照关系参考"费用类别"工作表。

5. 在"差旅成本分析报告"工作表 B3 单元格中，统计 2020 年第二季度发生在北京市的差旅费用总金额。

6. 在"差旅成本分析报告"工作表 B4 单元格中，统计 2020 年员工孙凡华报销的火车票费用总额。

7. 在"差旅成本分析报告"工作表 B5 单元格中，统计 2020 年差旅费用中，飞机票费用占所有报销费用的比例，并保留 2 位小数。

8. 在"差旅成本分析报告"工作表 B6 单元格中，统计 2020 年发生在周末（星期六和星期日）的通讯补助总金额。

【解题步骤】

☞ 第 1 小题

步骤 1：打开文件夹下的 excel.xlsx。

步骤 2：在"费用报销管理"工作表中，选中"日期"数据列，单击鼠标右键，在弹出的快捷菜单中选择"设置单元格格式"命令,弹出"设置单元格格式"对话框。切换至"数字"选项卡,在"分类"列表框中选择"自定义"命令,在右侧的"示例"组中"类型"列表框中输入:yyyy"年"m"月"d"日"[＄－804]aaaa;@。设置完毕后单击"确定"按钮即可。

☞ 第 2 小题

步骤:选中"费用报销管理"工作表的 H3 单元格,在编辑栏中输入公式:=IF(WEEKDAY(A3,2)>5,"是","否"),表示在星期六或者星期日情况下显示"是",否则显示"否",按"Enter"键确认。然后向下填充公式到最后一个日期即可完成设置。

☞ 第 3 小题

步骤:选中"费用报销管理"工作表的 D3 单元格,在编辑栏中输入公式:=LEFT(C3,3),表示取当前文字左侧的前三个字符,按"Enter"键确认。然后向下填充公式到最后一个日期即可完成设置。

☞ 第 4 小题

步骤:选中"费用报销管理"工作表的 F3 单元格,在编辑栏中输入公式:=VLOOKUP(E3,费用类别!＄A＄3:＄B＄12,2,FALSE),按"Enter"后完成"费用类别"的填充。然后向下填充公式到最后一个日期即可完成设置。

☞ 第 5 小题

步骤:选中"差旅成本分析报告"工作表的 B3 单元格,在编辑栏中输入公式:=SUMIFS(费用报销管理!G3:G401,费用报销管理!A3:A401,">="&DATE(2020,4,1),费用报销管理!A3:A401,"<="&DATE(2020,6,30),费用报销管理!D3:D401,"北京市")

☞ 第 6 小题

步骤:选中"差旅成本分析报告"工作表的 B4 单元格,在编辑栏中输入公式:=SUMIFS(费用报销管理!G3:G401,费用报销管理!B3:B401,"孙凡华",费用报销管理!F3:F401,"火车票"),按"Enter"键确认。

☞ 第 7 小题

步骤:选中"差旅成本分析报告"工作表的 B5 单元格,在编辑栏中输入公式:=SUMIFS(费用报销管理!G3:G401,费用报销管理!F3:F401,"飞机票")/SUM(费用报销管理!G3:G401),按"Enter"键确认,并设置数字格式,保留两位小数(默认是两位小数,故不需要修改)。

☞ 第 8 小题

步骤1:在"差旅成本分析报告"工作表的 B6 单元格中输入公式:=SUMIFS(费用报销管理!G3:G401,费用报销管理!H3:H401,"是",费用报销管理!F3:F401,"通讯补助"),按"Enter"键确认。

步骤2:保存并关闭文件。

实例二十八：停车场收费分析

本实例教材

【知识点】

基础点:1—文件另存为;2—单元格格式设置;4—设置套用表格格式

中等难点:5—条件格式

重难点:3—函数 VLOOKUP、IF、INT/HOUR/MINUTE;6—创建数据透视表

【题目要求】

某收费停车场拟将收费标准从原来"不足30分钟按30分钟收费"调整为"不足30分钟部分不收费"。市场部抽取了3月26日至4月1日的停车收费记录进行数据分析,以期掌握该项政策调整后营业额的变化情况。请根据文件夹下"素材.xlsx"中的各种表格,帮助完成此项工作。具体要求如下:

1.将"素材.xlsx"文件另存为"停车场收费政策调整情况分析.xlsx",所有的操作基于此文件。

2.在"停车收费记录"表中,涉及金额的单元格格式均设置为保留2位的数值类型。依据"收费标准"表,利用公式将收费标准对应的金额填入"停车收费记录"表中的"收费标准"列;利用出场日期、时间与进场日期、时间的关系,计算"停放时间"列,单元格格式为时间类型的"XX时XX分"。

3.依据停放时间和收费标准,计算当前收费金额并填入"收费金额"列;计算拟采用的收费政策的预计收费金额并填入"拟收费金额"列;计算拟调整后的收费与当前收费之间的差值并填入"差值"列。

4.将"停车收费记录"表中的内容套用表格格式"表样式中等深浅14",并添加汇总行,最后三列"收费金额""拟收费金额"和"差值"汇总值均为求和。

5.在"收费金额"列中,将单次停车收费达到100元的单元格突出显示为黄底绿色字的货币类型。

6.新建名为"数据透视分析"的表,在该表中创建3个数据透视表,起始位置分别为A3、A11、A19单元格。第一个透视表的行标签为"车型",列标签为"进场日期",求和项为"收费金额",可以提供当前的每天收费情况;第二个透视表的行标签为"车型",列标签为"进场日期",求和项为"拟收费金额",可以提供调整收费政策后的每天收费情况;第三个透视表行标签为"车型",列标签为"进场日期",求和项为"差值",可以提供收费政策调整后每天的收费变化情况。

【解题步骤】

☞ **第 1 小题**

步骤：打开文件夹下的"素材.xlsx"文件，单击【文件】选项卡，选择"另存为"。在弹出的对话框里，输入文件名"停车场收费政策调整情况分析.xlsx"，单击"保存"按钮。

☞ **第 2 小题**

步骤 1：按住 Ctrl 键，同时选中 E、K、L、M 列单元格，在【开始】选项卡下的【数字】组中单击扩展按钮，打开"设置单元格格式"对话框，在"数字"选项卡的"分类"中选择"数值"，设置"小数位数"为"2"，单击确定按钮。

步骤 2：选择"停车收费记录"表中的 E2 单元格，在编辑栏中输入"＝VLOOKUP(C2，收费标准！A＄3:B＄5,2,FALSE)"，按 Enter 键完成运算，利用自动填充功能填充该列其余单元格。

步骤 3：选中 J 列单元格，在【开始】选项卡下，单击【数字】组中的扩展按钮，在"分类"中选择"时间"，将"时间"类型设置为"XX 时 XX 分"，单击确定按钮。

步骤 4：选中 J2 单元格，在编辑栏中输入"＝IF(I2＞G2,I2-G2,I2＋24-G2)"，按 Enter 键完成运算，利用自动填充功能填充该列其余单元格。

☞ **第 3 小题**

步骤 1：选中 K2 单元格，在编辑栏中输入"＝INT((HOUR(J2)＊60＋MINUTE(J2))/30＋0.99)＊E2"，按 Enter 键完成运算，利用自动填充功能填充该列其余单元格。

步骤 2：选中 L2 单元格，在编辑栏中输入"＝INT((HOUR(J2)＊60＋MINUTE(J2))/30)＊E2"，按 Enter 键完成运算，利用自动填充功能填充该列其余单元格。

步骤 3：选中 M2 单元格，在编辑栏中输入"＝K2-L2"，按 Enter 键完成运算，利用自动填充功能填充该列其余单元格。

☞ **第 4 小题**

步骤 1：选中任意一个数据区域单元格，单击【开始】选项卡下【样式】组中的"套用表格格式"下拉按钮，选择"表样式中等深浅 14"，在弹出的对话框中保持默认设置，单击确定按钮。

步骤 2：在【表格工具】|【设计】选项卡下，勾选【表格样式选项】组中的"汇总行"复选框。

步骤 3：选择 K551 单元格，单击下拉按钮，选择"求和"。

步骤 4：按照同样的方法设置 L551 和 M551 单元格。

☞ **第 5 小题**

步骤 1：选择 K2:K550 单元格区域，然后切换至【开始】选项卡，单击【样式】组中的"条件格式"下拉按钮，选择"突出显示单元格规则"中的"大于"。在打开的"大于"对话框中,设置数值为"100",单击"设置为"右侧的下三角按钮,选择"自定义格式"。

步骤2:在弹出的"设置单元格格式"对话框中,切换至"字体"选项卡,设置字体颜色为"绿色"。

步骤3:切换至"填充"选项卡,设置背景色为"黄色"。

步骤4:切换到"数字"选项卡下,选择"分类"中的"货币"。单击确定按钮,关闭对话框。

☞ 第 6 小题

步骤1:单击工作表最右侧的"插入工作表"按钮,然后双击工作表标签,将其重命名为"数据透视分析"。

步骤2:选中 A3 单元格,切换至【插入】选项卡,单击【表格】组中的"数据透视表"下拉按钮,选择"数据透视表"。在弹出的对话框中选择数据区域为停车收费记录工作表中的C 列至 M 列数据,单击确定按钮。

步骤3:在【数据透视表字段列表】中右键单击"车型",选择"添加到行标签";右键单击"进场日期",选择"添加到列标签";右键单击"收费金额",选择"添加到值"。

步骤4:用同样的方法得到第二和第三个数据透视表。

步骤5:单击保存按钮,保存文件。

第三部分　PowerPoint 操作案例

实例二十九：关于水资源利用的演示文稿

本实例教材

【知识点】

基础点:1－新建 PPT;2－主题设置、版式设置;3－素材导入;4－项目符号;5－艺术字;6－动画效果、切换效果;8－文件保存

中等难点:7－背景音乐设置

【题目要求】

3 月 22 日,东城区生态环境局拟在辖区开展"世界水日"宣传活动,引领公民践行节约用水责任,推动形成节水型生产生活方式。主讲需制作一份宣传水知识及节水重要性的演示文稿。请参考"样例图片.docx"文件内容将所有文字布局到各对应幻灯片中,每张幻灯片中的文字内容,可以从文件夹下的"保护水资源,从点滴做起(素材).docx"文件中找到,并参考样例效果将其置于适当的位置。具体制作要求如下:

1.标题页包含演示主题、制作单位(东城区生态环境局)和日期(×××X 年 X 月 X 日)。

2.演示文稿须指定一个主题,幻灯片不少于 10 页,且版式不少于 4 种。

3.演示文稿中除文字外要有 12 张以上的图片。

4.在演示文稿中,为素材中段首有符号的文字添加项目符号。

5.在最后一张幻灯片中插入艺术字,内容为"让我们节约用水,不要让最后一滴水成为我们的眼泪!"。

6.动画效果要丰富,幻灯片切换效果要多样。

7.演示文稿播放的全程需要有背景音乐。

8.将制作完成的演示文稿以"保护水资源,从点滴做起.pptx"为文件名进行保存。

【解题步骤】

☞ 第 1 小题

步骤 1:右键单击文件夹空白处,新建一个 MicrosoftPowerPoint 演示文稿,并重命名

为"保护水资源，从点滴做起.pptx"。

步骤2：打开文档，单击【开始】选项卡下【幻灯片】组中的"新建幻灯片"下拉按钮，选择"标题幻灯片"。

步骤3：在"单击此处添加标题"占位符中输入标题名"保护水资源，从点滴做起"，在"单击此处添加副标题"占位符中输入副标题名"东城区生态环境局"和"×××X 年 X月X日"。

☞ **第 2 小题**

步骤1：按照第1小题步骤2的方法新建12页幻灯片，并至少要有4种不同版式。

步骤2：在【设计】选项卡下的【主题】组中，单击下拉按钮，选择恰当的主题样式。

☞ **第 3 小题**

步骤1：按照"保护水资源，从点滴做起（素材）.docx"的内容，在幻灯片中填充相应文字。

步骤2：在幻灯片中插入图片的方法为：选中一张幻灯片，单击文本区域的"插入来自文件的图片"按钮，弹出"插入图片"对话框。在对话框中选择文件夹下的相应的图片，单击"插入"按钮，并适当调整图片的大小位置。

步骤3：参照"保护水资源，从点滴做起（素材）.docx"的内容，按照同样的方式为其他幻灯片插入对应的图片。

☞ **第 4 小题**

增加项目符号方法：选中需要设置的文字，在【开始】选项卡下单击【段落】组中的"项目符号"下拉按钮，选择合适的项目符号。

☞ **第 5 小题**

选中最后一张幻灯片，单击【插入】选项卡下【文本】组中的"艺术字"下拉按钮，任意选择一种艺术字样式，输入文字"让我们节约用水，不要让最后一滴水成为我们的眼泪！"。

☞ **第 6 小题**

步骤1：为幻灯片添加适当的动画效果。添加方法为：选中一个文本区域，在【动画】选项卡下的【动画】组中单击"其他"下拉按钮，选择恰当的动画效果。

步骤2：按照同样的方式为其他文本区域或者图片设置动画效果。

步骤3：为幻灯片设置切换效果。选中一张幻灯片，在【切换】选项卡下的【切换到此幻灯片】组中，单击"其他"下三角按钮，选择恰当的切换效果。

步骤4：按照同样的方式为其他幻灯片设置不同的切换效果。

☞ **第 7 小题**

步骤1：选中第一张幻灯片，在【插入】选项卡下【媒体】组中单击"音频"下拉按钮，选择"文件中的音频"。弹出"插入音频"对话框，选择文件夹下的"四季音色－春日.mp3"，单击"插入"按钮。在幻灯片中将音频符号拖动至适当位置。

步骤 2：单击【音频工具】下的【播放】选项卡，在【音频选项】组中单击"开始"下拉按钮，选择"跨幻灯片播放"，勾选"放映时隐藏"复选框，勾选"循环播放，直到停止"复选框，勾选"播完返回开头"复选框。

☞ 第 8 小题

步骤：保存并关闭文件。

实例三十：新员工入职培训演示文稿的制作

本实例教材

【知识点】

基础点：1－设置幻灯片版式和主题；3－创建组织机构图并设置动画；4－超会链接设置；5－设置幻灯片的切换方式

中等难点：2－添加水印

【题目要求】

阳洋是江海电子股份有限公司的人事专员，近日，公司招聘了一批新员工，需要对他们进行入职培训。人事助理已经制作了一份演示文稿的素材"入职培训（素材）.pptx"，请打开该文档进行美化，并另存为"入职培训.pptx"文件。要求如下：

1. 将第二张幻灯片版式设为"标题和竖排文字"，将第五张幻灯片的版式设为"比较"；为整个演示文稿指定一个恰当的设计主题。

2. 通过幻灯片母版为每张幻灯片增加利用艺术字制作的水印效果，水印文字中应包含"江海电子"字样，并旋转一定的角度。

3. 根据第四张幻灯片标题下方的文字内容创建一个组织结构图，其中总经理助理为助理级别，结果应类似 word 样例文件"组织结构图样例.docx"中所示，并为该组织结构图添加任一动画效果。

4. 为第六张幻灯片左侧的文字"员工行为规范"加入超链接，链接到 word 素材文件"员工行为规范.docx"，并为该张幻灯片添加适当的动画效果。

5. 为演示文稿设置不少于 3 种的幻灯片切换方式。

【解题步骤】

☞ 第 1 小题

步骤 1：打开"入职培训（素材）.pptx"，另存为"入职培训.pptx"文件。选中第二张幻灯片，单击【开始】选项卡下的【幻灯片】组中的"版式"按钮，选择"标题和竖排文字"。

步骤2:采用同样的方式将第五张幻灯片的版式设为"比较"。

步骤3:在【设计】选项卡下的【主题】组中,选择一种合适的主题。

☞ **第 2 小题**

步骤1:在【视图】选项卡下的【母版视图】组中,单击"幻灯片母版"按钮,即可将所有幻灯片应用于母版。

步骤2:选择母版视图中的第一张幻灯片,单击【插入】选项卡下【文本】组中的"艺术字"下拉按钮,选择一种样式,然后输入"江海电子"五个字。输入完毕后选中艺术字,单击【格式】选项卡下【排列】组中的"旋转"下拉按钮,选择"其他旋转选项",在"大小"中的旋转微调框中输入任意角度,并关闭对话框。

步骤3:单击【格式】选项卡下【排列】组中的"下移一层"下拉按钮,选择"置于底层"。

步骤4:最后单击【幻灯片母版】选项卡下的【关闭】组中的"关闭母版视图"按钮。

☞ **第 3 小题**

步骤1:选中第四个幻灯片,选中右侧文本框中的文字并右键单击,选择"转换为SmartArt"中的"其他 SmartArt 图形"。在打开的对话框中选择"层次结构"中的"组织结构图",单击"确定"按钮。

步骤2:选中"总经理助理",单击【SmartArt 工具】|【设计】选项卡下【创建图形】组中的"文本窗格"按钮,在弹出的文本窗格中点击"总经理"文字内容,单击"添加形状"下拉按钮,选择"添加助理",将文字"总经理助理"剪切粘贴到此处,粘贴时选择"只保留文本",并删除多余空行,关闭对话框。

步骤3:单击【动画】选项卡,在【动画】组中任意选择一个动画效果。

☞ **第 4 小题**

步骤1:选中第六张幻灯片左侧的文字"员工行为规范",在【插入】选项卡下的【链接】组中单击"超链接"按钮,弹出"插入超链接"对话框。选择"现有文件或网页"选项,在右侧的"查找范围"中查找到"员工行为规范. docx"文件,单击"确定"按钮后即可为"员工行为规范"插入超链接。

步骤2:选中第六张幻灯片中的某一内容区域,设置动画效果。

☞ **第 5 小题**

步骤1:设置切换效果方法:选中一张幻灯片,在【切换】选项卡下【切换到此幻灯片】组中选择任意一种切换效果即可。

步骤2:用同样的方法为演示文稿设置不少于3种的幻灯片切换方式。

步骤3:保存并关闭文件。

本实例教材

实例三十一：防治环境污染的演示文稿

【知识点】

基础点：1－新建演示文稿；2－主题设置；3－素材输入、插入剪贴画、设置超链接；4－设置动画、切换效果；5－插入表格；6－保存文件

【题目要求】

请根据文件夹下的低碳环保.docx 素材内容，按照下列要求制作一个环境污染防治的 PowerPoint 演示文稿，以呼吁人们保护自然环境。

1.标题页包含演示主题。

2.演示文稿须指定一个美观的主题，幻灯片不少于 6 页，且版式不少于 3 种。

3.演示文稿中除文字外要有 1 张以上的图片，并有 3 个以上的超链接进行幻灯片之间的跳转。

4.动画效果不低于 2 种，幻灯片切换效果不少于 3 种。

5.素材中有一处适合做成表格，请选择合适的表格样式。

6.将制作完成的演示文稿"低碳环保.pptx"为文件名进行保存。

【解题步骤】

☞ 第 1 小题

步骤1：右键单击文件夹空白处，新建一个演示文稿，重命名为"低碳环保.pptx"。

步骤2：打开文档，单击【开始】选项卡下【幻灯片】组中的"新建幻灯片"下拉按钮，选择"标题幻灯片"。

步骤3：在"单击此处添加标题"文本框中输入标题名"绿色低碳 保护环境"，副标题中输入"——绿水青山就是金山银山"。

☞ 第 2 小题

步骤1：按照第 1 小题步骤 2 的方法新建幻灯片，使得幻灯片总数不少于 8 页，版式不少于 3 种。

步骤2：在【设计】选项卡下的【主题】组中，单击"其他"下拉按钮，选择恰当的主题样式。

☞ 第 3 小题

步骤1：按照"低碳环保.docx"的内容，在幻灯片中填充相应文字。

步骤 2:在幻灯片中插入图片的方法为:选中一张幻灯片,单击文本区域的"剪贴画"按钮,弹出"剪贴画"对话框,结果类型设置为"所有媒体文件类型",单击搜索按钮,在搜索结果中任意单击选择一张图片。

步骤 3:可在第 5 张幻灯片的文本框内输入素材文件中的"四、环境污染怎么治理"的四个标题,便于设置超链接。设置超链接的方法为:选中需要设置超链接的文字,在【插入】选项卡下的【链接】组中单击"超链接"按钮,弹出"插入超链接"对话框。单击"链接到"组中的"本文档中的位置"按钮,选择需要链接到的幻灯片,单击"确定"按钮。

☞ **第 4 小题**

步骤 1:为幻灯片添加适当的动画效果。添加方法为:选中幻灯片中的某个文本框,在【动画】选项卡下的【动画】组中单击"其他"下拉按钮,选择恰当的动画效果。

步骤 2:按照同样的方式为其他文本区域或者图片设置动画效果。

步骤 3:为幻灯片设置切换效果。方法为:选中一张幻灯片,在【切换】选项卡下的【切换到此幻灯片】组中,单击"其他"下拉按钮,选择恰当的切换效果。

步骤 4:按照同样的方式为其他幻灯片设置切换效果。

☞ **第 5 小题**

步骤 1:将"环境污染的表现和污染原因"下面八个段落在幻灯片中制作成一个八行二列的表格。选中需要插入表格的幻灯片,单击【插入】选项卡下的【表格】组中的"表格"下拉按钮,选择"插入表格"命令,即可弹出"插入表格"对话框。在"列数"微调框中输入"2",在"行数"微调框中输入"8",然后单击"确定"按钮即可在幻灯片中插入一个八行二列的表格,将文字填入表格内。

步骤 2:在幻灯片中选中该表格,单击【表格工具】|【设计】选项卡,在【表格样式】组中单击"其他"下拉按钮,选择一种合适的表格样式,并适当调整表格的位置与大小。

☞ **第 6 小题**

步骤:保存并关闭文件。

实例三十二: 网络教学模式探究的演示文稿

本实例教材

【知识点】

基础点:1－素材输入、设置二级文本;2－应用版式;3－主题设置、插入剪贴画音频;4－插入表格;5－SmartArt 图形(基本矩阵);6－定义自定义放映;7－保存文件

【题目要求】

请根据"网络教学模式探究.docx"文档中的内容,按照如下要求制作完成一份演示文稿:

1.创建一个新演示文稿,内容需要包含"网络教学模式探究.docx"文件中所有讲解的要点,包括:

(1)演示文稿中的内容编排,需要严格遵循 Word 文档中的内容顺序,并仅需要包含 Word 文档中应用了"标题 1"、"标题 2"、"标题 3"样式的文字内容。

(2)Word 文档中应用了"标题 1"样式的文字,需要成为演示文稿中每页幻灯片的标题文字。

(3)Word 文档中应用了"标题 2"样式的文字,需要成为演示文稿中每页幻灯片的第一级文本内容。

(4)Word 文档中应用了"标题 3"样式的文字,需要成为演示文稿中每页幻灯片的第二级文本内容。

2.将演示文稿中的第一页幻灯片,调整为"标题幻灯片"版式。

3.为演示文稿应用一个美观的主题样式,演示文稿播放的全程需要有背景音乐。

4.在标题为"网络教学模式与传统教学在教学思想上的比较"的幻灯片页中,插入与素材"网络教学模式探究.docx"文档中所示相同的表格。

5.在标题为"网络教学环境下高校教师角色特征分析"的幻灯片页中,将文本框中包含的文字利用 SmartArt 图形展现。

6.在该演示文稿中创建一个演示方案,该演示方案包含第 1、3、5、6 页幻灯片,并将该演示方案命名为"放映方案 1"。

7.保存制作完成的演示文稿,并将其命名为"网络教学模式探究.pptx"。

【解题步骤】

☞ **第 1 小题**

步骤 1:右键单击考生文件夹空白处,新建一个演示文稿,重命名为"网络教学模式探究.pptx"。

步骤 2:打开演示文稿,在【开始】选项卡下的【幻灯片】组中单击"新建幻灯片"按钮即可新建幻灯片。

步骤 3:按照题面的要求,将"网络教学模式探究.docx"中的对应文字复制到幻灯片中。

步骤 4:设置二级文本方法:选中需要设置的文本,单击【开始】选项卡下【段落】组中的"提高列表级别"按钮。

☞ **第 2 小题**

步骤:选中第 1 张幻灯片,单击【开始】选项卡下【幻灯片】组中的"版式"下拉按钮,选择"标题幻灯片",在标题处输入"网络教学模式探究"。

☞ **第 3 小题**

步骤 1:选中第一张幻灯片,在【设计】选项卡下,单击【主题】组中的"其他"下拉按钮,选择一种合适的主题。

步骤 2:单击【插入】选项卡下【媒体】组中的"音频"下拉按钮,选择"剪贴画音频",在其中任意选择一个音频。

步骤 3:单击【音频工具】|【播放】选项卡下【音频选项】组中的"开始"下拉按钮,选择"跨幻灯片播放",勾选"放映时隐藏"、"循环播放,直到停止"和"播完返回开头"复选框。

☞ **第 4 小题**

步骤 1:选中标题为"网络教学模式与传统教学在教学思想上的比较"的幻灯片,将参考素材"网络教学模式探究.docx"中的表格复制粘贴到该张幻灯片中。

☞ **第 5 小题**

步骤:选中标题为"网络教学环境下高校教师角色特征分析"的幻灯片中的文字内容,右键单击,选择"转化为 SmartArt"中的"基本矩阵"。

☞ **第 6 小题**

步骤 1:在【幻灯片放映】选项卡下的【开始放映幻灯片】组中单击"自定义幻灯片放映"下拉按钮,选择"自定义放映",弹出"自定义放映"对话框。

步骤 2:单击"新建"按钮,弹出"定义自定义放映"对话框。在"在演示文稿中的幻灯片"列表框中按住 Ctrl 键,选中第 1、3、5、6 页幻灯片,单击"添加"按钮。在"幻灯片放映名称"文本框中输入"放映方案 1",单击"确定"按钮,单击"关闭"按钮。

☞ **第 7 小题**

步骤:保存并关闭文件。

实例三十三：全球气候变暖演示文稿

本实例教材

【知识点】

基础点:1－新建演示文稿、主题、版式设置;2－素材输入、段落缩进量设置、插入图片;3－SmartArt 图形;4－超链接;5－设置切换效果;6－保存文件

【题目要求】

华强是中华环境保护基金会一名工作人员,需要制作一个有关"全球气候变暖"题材

的演示文稿,倡导低碳环保的生活理念。演示文稿的文字资料及素材请参考"全球气候变暖.docx",制作要求如下:

1.演示文稿包含7张幻灯片,须指定一个美观的主题,且版式不少于3种。标题幻灯片的标题为"全球气候变暖"。

2 参照"全球气候变暖.docx",在第2张、第3张、第5张幻灯片插入相关的图片,适当调整图片大小及位置。

3.参照"SmartArt样例",将第4张幻灯片中的文字转化为"射线循环"SmartArt图形;将第6张幻灯片标题下的文字转化为"图片题注列表"SmartArt图形,并在显示图片处插入对应的图片;将第7张幻灯片标题下的文字转化为"垂直项目符号列表"SmartArt图形。更改图形颜色并适当调整图形大小位置。

4.将第3张幻灯片中带下划线的文字"温室气体"、"温室效应"设置2个超链接分别跳转到第4张幻灯片、第5张幻灯片。

5.动画效果不低于5种,幻灯片切换效果不少于4种。

6.将制作完成的演示文稿以"全球气候变暖.pptx"为文件名进行保存。

【解题步骤】

☞ **第1小题**

步骤1:右键单击文件夹空白处,新建一个演示文稿,重命名为"全球气候变暖.pptx"。

步骤2:打开文档,单击【开始】选项卡下【幻灯片】组中的"新建幻灯片"下拉按钮,选择"标题幻灯片"。

步骤3:在"单击此处添加标题"文本框中输入标题名"全球气候变暖"。

步骤4:按照步骤2的方法新建幻灯片,使得幻灯片总数有7页,版式不少于3种。

步骤5:在【设计】选项卡下的【主题】组中,单击"其他"下拉按钮,选择恰当的主题样式。

☞ **第2小题**

步骤1:按照"全球气候变暖.docx"的内容,在幻灯片中填充相应文字。选中第4张幻灯片中"温室气体"下的4行文字,单击【开始】选项卡【段落】组里的"增加缩进量"钮,增大这4行文字的缩进级别。

步骤2:在幻灯片中插入图片的方法为:选中一张幻灯片,单击文本区域的"插入来自文件的图片"按钮,弹出"插入图片"对话框,按照"全球气候变暖.docx"文档中的内容,将文件夹下的图片插入到对应的幻灯片中,并适当调整图文布局排列。

☞ **第3小题**

步骤1:选定第4张幻灯片文本框中的文字,在【开始】选项卡下单击【段落】组中的【转换为SmartArt图形】下拉按钮,选择"其他SmartArt图形",选择"列表"中的"射线循环",单击"确定"按钮。

步骤 2:切换至【SmartArt 工具】下的【设计】选项卡,单击【SmartArt 样式】组中的"更改颜色"下拉按钮,选择任意一种颜色。以同样方式将第 7 张幻灯片下的文字转换为"垂直项目符号列表"SmartArt 图形。

步骤 3:按照步骤 1、步骤 2 的方法将第 6 张幻灯片标题下文本框里的文字转换为"图片题注列表"的 SmartArt 对象,并在图片显示处插入对应的图片,选中 SmartArt 图形,适当调整图形的大小位置。

☞ 第 4 小题

设置超链接的方法为:选中需要设置超链接的文字,在【插入】选项卡下的【链接】组中单击"超链接"按钮,弹出"插入超链接"对话框。单击"链接到"组中的"本文档中的位置"按钮,选择需要链接到的幻灯片,单击"确定"按钮。

☞ 第 5 小题

步骤 1:为幻灯片添加适当的动画效果。添加方法为:选中幻灯片中的某个文本框,在【动画】选项卡下的【动画】组中单击"其他"下拉按钮,选择恰当的动画效果。

步骤 2:按照同样的方式为其他文本区域或者图片设置动画效果。

步骤 3:为幻灯片设置切换效果。方法为:选中一张幻灯片,在【切换】选项卡下的【切换到此幻灯片】组中,单击"其他"下拉按钮,选择恰当的切换效果。

步骤 4:按照同样的方式为其他幻灯片设置切换效果。

☞ 第 6 小题

步骤:保存并关闭文件。

实例三十四：生物课件的整合制作

本实例教材

【知识点】

基础点:1—主题设置;2—复制幻灯片;3—插入表格;4—SmartArt;5—超链接;6—编号、页脚设置;7—切换效果

【题目要求】

某校生物教研组教师王刚、李瑶合作制作一份生物课件。他们制作完成的第一章前 3 节内容存放在文档"第 1—3 节.pptx"中,后二节内容见文档"第 4—5 节.pptx"。请你按照下列要求完成课件的整合制作:

1.为演示文稿"第 1—3 节.pptx"指定一个合适的设计主题;为演示文稿"第 4—5 节.

pptx"指定另一个设计主题,两个主题应不同。

2.将演示文稿"第1-3节.pptx"和"第4-5节.pptx"中的所有幻灯片合并到"生物课件.pptx"中,要求所有幻灯片保留原来的格式。以后的操作均在文档"生物课件.pptx"中进行。

3.在第5张幻灯片内容文本框中插入与素材"光合作用与呼吸作用的区别与联系.docx"文档中所示相同的表格,并为该表格添加适当的动画效果。

4.将第7张幻灯片内容文本框里的4行文字转换为样式为"图片题注列表"的SmartArt图形,结果应类似"SmartArt样例.docx"中所示;将考试文件夹里的4张图片定义为该SmartArt对象的对应题注的显示图片,并为SmartArt图形添加任意的动画效果,要求该SmartArt对象元素可以逐个显示。

5.将第3、4、5、6、7张幻灯片分别链接到第2张幻灯片的相关文字上。

6.除标题页外,为幻灯片添加编号及页脚,页脚内容为"第一章　碳氧——平衡"。

7.为幻灯片设置适当的切换方式,以丰富放映效果。

【解题步骤】

☞ **第1小题**

步骤1:在文件夹下打开演示文稿"第1-3节.pptx",在【设计】选项卡下【主题】组中,选择一个合适的主题。单击"保存"按钮,并关闭演示文稿。

步骤2:用同样的方法设置演示文稿"第4-5节.pptx"的主题(两个主题应不同)。

☞ **第2小题**

步骤1:打开演示文稿"第1-3节.pptx",选中所有幻灯片,右键单击,选择复制。

步骤2:在文件夹下新建一个演示文稿并命名为"生物课件.pptx",打开演示文稿,在左侧幻灯片选项卡下,右键单击,选择"粘贴选项"中的"保留源格式"。

步骤3:按照同样的方法将"第4-5节.pptx"中的所有幻灯片复制粘贴到"生物课件.pptx"中。

☞ **第3小题**

步骤1:选中第5张幻灯片,将参考素材"光合作用与呼吸作用的区别与联系.docx"中的表格复制粘贴到第5张幻灯片中,选择"粘贴选项"中的"保留源格式"。

步骤3:为该表格添加适当的动画效果。

☞ **第4小题**

步骤1:选中第7张幻灯片标题下的4行文字,右键单击,选择"转换为SmartArt"中的"其他SmartArt图形"。在打开的对话框中选择"列表"中的"图片题注列表",单击"确定"按钮。适当调整SmartArt图形的大小、位置。

步骤2:参考"SmartArt样例.docx"文件,在对应的位置插入图片。插入图片方法:直接单击smartart图表中的图片按钮,在弹出的对话框中选择文件夹下对应的图片,单击

"插入"按钮。

步骤3:选中 SmartArt 图形,在【动画】选项卡下【动画】组中单击"弹跳",而后单击"效果选项"下拉按钮,选择"逐个"。

☞ 第 5 小题

步骤1:选中第2张幻灯片中的文字"一、植物的光合作用。举例说明光合作用在农业生产上的应用。",单击【插入】选项卡下【链接】组中的【超链接】按钮,弹出"插入超链接"对话框,在"链接到:"下单击"本文档中的位置",在"请选择文档中的位置"中选择第3张幻灯片,然后单击"确定"按钮。

步骤2:按照同样方法将第4、5、6、7张幻灯片链接到第2张幻灯片的相关文字上。

☞ 第 6 小题

步骤:选中第1张幻灯片,在【插入】选项卡下【文本】组中单击"幻灯片编号"按钮,勾选"幻灯片编号"、"页脚"和"标题幻灯片中不显示"复选框,在"页脚"下的文本框中输入"第一章　碳——氧平衡",单击"全部应用"按钮。

☞ 第 7 小题

步骤1:在【切换】选项卡的【切换到此幻灯片】组中选择一种切换方式。

步骤2:按照上面的方法为其他幻灯片设置不同的切换方式,达到题面"丰富放映效果"的要求。

步骤3:保存并关闭文件。

实例三十五：云会议简介演示文稿

本实例教材

【知识点】

基础点:1—素材导入,插入幻灯片编号;2—艺术字;3—主题设置;4—超链接;5—SmartArt;6—动画、切换效果;7—设置图片格式

【题目要求】

请根据提供的素材文件"云会议 ppt 素材.docx"中的文字、图片设计制作演示文稿,并以文件名"云会议.pptx"存盘,具体要求如下:

1.将素材文件中每个矩形框中的文字及图片设计为1张幻灯片,为演示文稿插入幻灯片编号,与矩形框前的序号一一对应。

2.第1张幻灯片作为标题页,标题为"云会议简介",并将其设为艺术字,有制作日期(格式:××××年××月××日),并指明制作者为"×××"。第10张幻灯片中的"敬请

批评指正!"采用艺术字。

　　3.幻灯片版式至少有 3 种,并为演示文稿选择一个合适的主题。

　　4.为第 2 张幻灯片中的每项内容插入超级链接,点击时转到相应幻灯片。

　　5.第 5 张幻灯片采用 SmartArt 图形中的组织结构图来表示,最上级内容为"云会议的六个主要功能",其下级依次为具体的六个功能。

　　6.为每张幻灯片中的对象添加动画效果,并设置 3 种以上幻灯片切换效果。

　　7.调整第 6、7、8、9 页中图片显示比例,达到较好的效果。

【解题步骤】

☞ 第 1 小题

　　步骤 1:在文件夹下新建演示文稿,命名为云会议.pptx。

　　步骤 2:打开云会议.pptx,单击【开始】选项卡下【幻灯片】组中的"新建幻灯片"按钮。重复操作,最终新建 10 个幻灯片。

　　步骤 3:分别将素材文件中每个矩形框中的文字及图片复制粘贴到一个幻灯片中,并且顺序是一一对应的。对文字进行粘贴时注意删除多余空格。对图片进行复制粘贴时,选中需要粘贴的位置,单击鼠标右键,选择"粘贴选项"中的"图片"。

　　步骤 4:选中一张幻灯片,单击【插入】选项卡下【文本】组中的"幻灯片编号"按钮,在弹出的"页眉与页脚"对话框中,勾选"幻灯片编号"复选框。设置完成后单击"全部应用"按钮。

☞ 第 2 小题

　　步骤 1:选中第一张幻灯片,单击鼠标右键,选择"版式"级联菜单中的"标题幻灯片"。

　　步骤 2:选中"云会议简介",单击【绘图工具】|【格式】选项卡下【艺术字样式】组中的"其他"下拉按钮,选择任意一种艺术字效果。

　　步骤 3:将图片移动到合适的位置。

　　步骤 4:在副标题文本框中按照题面输入制作日期和作者。

　　步骤 5:选中第 10 张幻灯片中的"敬请批评指正!",按照步骤 2 设置为艺术字。

☞ 第 3 小题

　　步骤 1:选中一张幻灯片,单击【开始】选项卡下【幻灯片】组中的"版式"下拉按钮,选择合适的版式。按照该方法设置其他幻灯片,使得版式至少有三种。

　　步骤 2:需要插入图片的幻灯片建议设置版式为"两栏内容",设置版式后,将图片剪切粘贴到右侧文本框中,粘贴时选择"粘贴选项"中的"图片"。

　　步骤 2:单击【设计】选项卡下【主题】组中的"其他"下拉按钮,选择合适的主题。

☞ 第 4 小题

　　步骤 1:选中第二页幻灯片的"一、云会议的概念",单击鼠标右键,选择"超链接",即可弹出"插入超链接"对话框。在"链接到"组中选择"本文档中的位置",并在右侧选择

"3.一、云会议的概念",单击"确定"按钮。

步骤2:按照同样的方法设置其余超链接。

☞ **第5小题**

步骤1:单击第五张幻灯片,将标题文字"云会议的六个主要功能:"剪切粘贴到下面的内容文本框中"音视频交流"的上方,粘贴时选择"只保留文本",并删除多余空格。

步骤2:将光标定位在"音视频交流"最左侧,单击【开始】选项卡下【段落】组中的"提高列表级别"按钮。按照同样的方法设置下面的五行文字。

步骤3:选中内容文本框中的所有文字,在【段落】组中单击"项目符号"下拉按钮,选择"无"。

步骤4:选中所有文字,右键单击,选择"转换为 SmartArt"中的"其他 SmartArt 图形",在"层次结构"中选择"组织结构图",单击"确定"按钮。

☞ **第6小题**

步骤1:选中第一张幻灯片,单击标题文字,单击【动画】选项卡下【动画】组中的"其他"下拉按钮,选择一个合适的动画效果。

步骤2:按照同样的方法为其余幻灯片中的对象设置动画效果。

步骤3:选中一张幻灯片,单击【切换】选项卡下【切换到此幻灯片】组中的"其他"下拉按钮,选择一个合适的切换效果。

步骤4:按照同样的方法为其余幻灯片设置切换效果(切换效果要有3种以上)。

☞ **第7小题**

步骤1:选中第 6 页幻灯片中的图片,单击【图片工具】|【格式】选项卡,在【大小】组中单击扩展按钮,弹出"设置图片格式"对话框。

步骤2:在"大小"中的"缩放比例"组中增大高度和宽度的缩放比例,此处可分别输入"150％",单击"关闭"按钮。可拖动图片,适当调整图片在幻灯片中的位置。

步骤3:使用同样的方法设置其余图片。

步骤4:保存并关闭文件。

实例三十六：武汉主要景点的宣传片

本实例教材

【**知识点**】

基础点:1—新建演示文稿;2—标题、副标题设置;3—插入音频;4—版式、素材导入;5—素材导入;—6—艺术字;8—主题、动画效果、切换效果;9—页脚;10—设置放映方式

中等难点:7—动作按钮

【题目要求】

为感谢在疫情防控中无私奉献、拼过命的医护人员,武汉文旅局特邀百名援鄂医疗队员重回武汉,畅游荆楚,需要制作一份介绍武汉主要景点的宣传片,包括文字、图片、音频等内容。请根据文件夹下的素材文档"武汉主要旅游景点介绍.docx",帮助主管人员完成制作任务,具体要求如下:

1.新建一份演示文稿,并以"武汉主要旅游景点介绍.pptx"为文件名保存到文件夹下。

2.第一张标题幻灯片中的标题设置为"武汉主要旅游景点介绍",副标题为"历史与现代、美食与美景交融的都市"。

3.在第一张幻灯片中插入歌曲"武汉挺住.mp3",设置为自动播放,并设置声音图标在放映时隐藏。

4.第二张幻灯片的版式为"标题和内容",标题为"武汉主要景点",在文本区域中以项目符号列表方式依次添加下列内容:黄鹤楼、归元寺、红楼、户部巷、武汉东湖风景区。

5.自第三张幻灯片开始按照黄鹤楼、归元寺、红楼、户部巷、武汉东湖风景区的顺序依次介绍武汉各主要景点,相应的文字素材"武汉主要旅游景点介绍.docx"以及图片文件均存放于文件夹下,要求每个景点介绍占用一张幻灯片。

6.最后一张幻灯片的版式设置为"空白",并插入艺术字"谢谢"。

7.将第二张幻灯片列表中的内容分别超链接到后面对应的幻灯片、并添加返回到第二张幻灯片的动作按钮。

8.为演示文稿选择一种设计主题,要求字体和整体布局合理、色调统一,为每张幻灯片设置不同的幻灯片切换效果以及文字和图片的动画效果。

9.除标题幻灯片外,其他幻灯片的页脚均包含幻灯片编号、日期和时间。

10.设置演示文稿放映方式为"循环放映,按 ESC 键终止",换片方式为"手动"。

【解题步骤】

☞ **第 1 小题**

步骤:在文件夹下,新建一个演示文稿,并命名为"武汉主要旅游景点介绍.pptx"。

☞ **第 2 小题**

步骤 1:打开演示文稿,单击【开始】选项卡下【幻灯片】组中的"新建幻灯片"下拉按钮,选择"标题幻灯片"。

步骤 2:在"单击此处添加标题"处输入"武汉主要旅游景点介绍",在"单击此处添加副标题"处输入"历史与现代、美食与美景交融的都市"。

☞ **第 3 小题**

步骤 1:单击【插入】选项卡下【媒体】组中的"音频"下拉按钮,选择"文件中的音频"。

弹出"插入音频"对话框,选择文件夹下的"武汉挺住.mp3",单击"插入"按钮。

步骤2:单击【音频工具】下的【播放】选项卡,将【音频选项】组中的"开始"设置为自动,并勾选"放映时隐藏"复选框。

☞ 第 4 小题

步骤1:按照第2小题步骤1的方法,新建一张版式为"标题和内容"的幻灯片。

步骤2:在标题处输入文字"武汉主要景点",在内容文本框内输入题面要求的文字,选中这些文字,单击【开始】选项卡下【段落】组中的"项目符号"下拉按钮,选择任意项目符号。

☞ 第 5 小题

步骤1:新建一张幻灯片,可选择"两栏内容"版式。

步骤2:输入标题为"黄鹤楼",将素材文档"武汉主要旅游景点介绍.docx"中的第一段文字复制粘贴到幻灯片的左侧文本框中。

步骤3:单击右侧文本框中的"插入来自文件的图片"按钮,弹出"插入图片"对话框,选中文件下的"黄鹤楼.jpg",单击"插入"按钮。

步骤4:用同样的方法,按照题面要求新建其他幻灯片。

☞ 第 6 小题

步骤1:在所有幻灯片最下方新建一个版式为"空白"的幻灯片。

步骤2:单击【插入】选项卡下【文本】组中的"艺术字"下拉按钮,选择一种艺术字样式,在艺术字文本框中输入"谢谢"。

☞ 第 7 小题

步骤1:单击第2张幻灯片,选中"黄鹤楼"字样,单击【插入】选项卡下【链接】组中的"超链接"按钮。弹出"插入超链接"对话框,在该对话框中将"链接到"设置为"本文档中的位置",在"请选择文档中的位置"列表框中选择"幻灯片 3",单击"确定"按钮。

步骤2:单击第3张幻灯片,在【插入】选项卡下【插图】选项组中单击"形状"下拉按钮,选择"动作按钮"中的"动作按钮:后退或前一项"形状。

步骤3:在第3张幻灯片的空白位置绘制动作按钮,绘制完成后弹出"动作设置"对话框,在该对话框中单击"超链接到"中的下拉按钮,选择"幻灯片"。弹出"超链接到幻灯片"对话框,在该对话框中选择"2.武汉主要景点",单击"确定"按钮。

步骤4:再次单击"确定"按钮,退出对话框,可适当调整动作按钮的大小和位置。

步骤5:使用同样的方法,将第二张幻灯片列表中余下内容分别超链接到对应的幻灯片上,并添加动作按钮。

☞ 第 8 小题

步骤1:单击【设计】选项卡中【主题】组中的"其他"下拉按钮,选择一个合适的主题。

步骤2:选择第一张幻灯片,单击【切换】选项卡,在【切换到此幻灯片】组中单击"其他"下拉按钮,选择一个合适的切换效果。

步骤3:按同样的方法,为其他幻灯片设置不同的切换效果。

步骤4:选中第一张幻灯片的标题文本框,切换至【动画】选项卡,单击【动画】组中的"其他"下拉按钮,选择一个动画效果。

步骤5:按照同样的方法为其余幻灯片中的文字和图片设置不同的动画效果。

☞ **第 9 小题**

步骤:单击【插入】选项卡下【文本】组中的"页眉和页脚"按钮,在弹出的"页眉和页脚"对话框中勾选"日期和时间"复选框、"幻灯片编号"复选框和"标题幻灯片中不显示"复选框,单击"全部应用"按钮。

☞ **第 10 小题**

步骤1:单击【幻灯片放映】选项下【设置】组中的"设置幻灯片放映"按钮,弹出"设置放映方式"对话框,在"放映类型"中选择"观众自行浏览(窗口)",在"放映选项"组中勾选"循环放映,按 ESC 键终止"复选框,将"换片方式"设置为手动,单击"确定"按钮。

步骤2:保存并关闭文件。

实例三十七:关于校园网贷的演示文稿

本实例教材

【知识点】

基础点:1—另存为;2—替换字体;3—SmartArt;4—动画效果;5—切换效果;6—插入音频;7—分节;8—放映方式

【题目要求】

南宁信息工程学院积极引导学生进一步认识校园网贷的危害,提高安全防范意识,开展以"树立正确消费观,拒绝违法校园贷"为主题的宣传教育活动。学工部王老师需完善宣传文稿的演示内容。请按照如下需求,在 PowerPoint 中完成制作工作:

1. 打开素材文件"校园贷—素材.pptx",将其另存为"校园贷.pptx",之后所有的操作均在"校园贷.pptx"文件中进行。

2. 将演示文稿中的所有中文文字字体由"宋体"替换为"微软雅黑"。

3. 为了布局美观,将第4张幻灯片中的内容区域文字转换为"基本维恩图"SmartArt布局,更改 SmartArt 的颜色,并设置该 SmartArt 样式为"简单填充"。

4. 为上述 SmartArt 图形设置由幻灯片中心进行"缩放"的进入动画效果,并要求自上一动画开始之后自动、逐个展示 SmartArt 中的 4 段文字。

5. 为演示文稿中的所有幻灯片设置不同的切换效果。

6.将考试文件夹中的声音文件"背景音乐.mp3"作为该演示文稿的背景音乐,并要求在幻灯片放映时即开始播放,至演示结束后停止。

7为演示文稿创建3个节,其中"标题"节中包含第1张幻灯片,"概况"节中包含第2、第3、第4张幻灯片,最后2张幻灯片均包含在"拒绝"节中。

8.为了实现幻灯片可以在展台自动放映,设置每张幻灯片的自动放映时间为10秒钟。

【解题步骤】

☞ **第 1 小题**

步骤:打开文件"校园贷-素材.pptx",单击【文件】选项卡,选择"另存为"。在弹出的"另存为"对话框中输入文件名为"校园贷.pptx",单击"保存"按钮。

☞ **第 2 小题**

步骤1:选择【大纲】选项卡,将光标定位到大纲视图下,按Ctrl+A全选文字,单击【开始】选项卡下【编辑】组中的"替换"下拉按钮,选择"替换字体"。

步骤2:在弹出的对话框中的"替换"下拉列表中选择"方正舒体",在"替换为"下拉列表中选择"微软雅黑",单击"替换"按钮。

☞ **第 3 小题**

步骤1:切换到幻灯片视图下,单击第4张幻灯片,选择内容文本框中的的文字,单击【开始】选项卡下【段落】组中的"转换为SmartArt图形"下拉按钮,选择"其他SmartArt图形",在弹出的对话框中选择"关系"中的"基本维恩图",单击"确定"按钮。

步骤2:切换至【SmartArt工具】下的【设计】选项卡,单击【SmartArt样式】组中的"更改颜色"下拉按钮,选择任意一种颜色,再单击【SmartArt】样式组中的"其他"下拉按钮,选择"简单填充"。

☞ **第 4 小题**

步骤1:选中SmartArt图形,切换至【动画】选项卡,选择【动画】组中的"缩放"。

步骤2:单击"效果选项"下拉按钮,选择"逐个"。

步骤3:单击"计时"组中"开始"的下拉按钮,选择"上一动画之后"。

☞ **第 5 小题**

步骤1:选择第一张幻灯片,单击【切换】选项卡,在【切换到此幻灯片】组中选择一种切换效果。

步骤2:用相同方式设置其他幻灯片,保证切换效果不同即可。

☞ **第 6 小题**

步骤1:选择第一张幻灯片,切换至【插入】选项卡,在【媒体】组中单击"音频"下拉按钮,选择"文件中的音频"选项,在弹出的对话框中选择选择考生文件夹下的"背景音乐.

mp3"。

步骤 2：选中音频按钮，切换至【音频工具】下的【播放】选项卡中，在【音频选项】组中，单击"开始"下拉按钮，选择"跨幻灯片播放"，勾选"循环播放，直到停止"和"放映时隐藏"复选框。

☞ **第 7 小题**

步骤 1：选中第 1 张幻灯片，单击鼠标右键，选择【新增节】，这时就会出现一个无标题节。选中节名，单击鼠标右键，选择【重命名节】，将节重命名为"标题"，单击"重命名"按钮即可。

步骤 2：按照同样的方法新建其余节。

☞ **第 8 小题**

步骤 1：单击【切换】选项卡，在【计时】组中勾选【设置自动换片时间】复选框，并将自动换片时间设置为 10 秒，按照同样的方法设置其他幻灯片。

步骤 2：单击【幻灯片放映】选项卡下【设置】组中的"设置幻灯片放映"按钮，在弹出的对话框中选中"在展台浏览（全屏幕）"单选按钮，再单击"确定"按钮。

步骤 3：保存并关闭按钮。

实例三十八：两会热点解读演示文稿

本实例教材

【知识点】

基础点：1—分节、切换方式；2—标题、副标题；3—SmartArt、动画效果；5—艺术字、背景图片设置；6—页脚；7—放映方式

中等难点：4—图片样式设置

【题目要求】

2022 年 3 月 5 日第十三届全国人民代表大会第五次会议在北京召开。为了更好地宣传会议精神，新闻部需制作一个演示文稿，请你根据文件夹下的"文本素材.docx"及相关图片内容完成 PPT 的整合制作，具体要求如下：

1．演示文稿共包含六张幻灯片，分为 4 节，节名分别为"标题、第一节、第二节、结束语"，各节所包含的幻灯片页数分别为 1、1、3、1 张；每一节的幻灯片设为同一种切换方式，节与节的幻灯片切换方式均不同；设置幻灯片主题为"聚合"。将演示文稿保存为"2022 两会热点图解.pptx"，后续操作均基于此文件。

2．第 1 张幻灯片为标题幻灯片，标题为"2022 两会热点图解"，字号不小于 48；副标题为"聚焦两会 关注民生"，字号为 28。

3.“第一节”下的一张幻灯片,标题为“今年主要预期目标”,利用“图片框”SmartArt图形展示“文本素材.docx”中的”四个要点,图片对应1.jpg～4.jpg,设置SmartArt图形的进入动画效果为“逐个”、“与上一动画同时”。

4.“第二节”下的三张幻灯片,标题分别为“今年重点工作之一”、“今年重点工作之二”、“今年重点工作之三”。其中第一张幻灯片内容为文件夹下5.png～8.png的图片,图片大小设置为6厘米(高)＊8厘米(宽),样式为“简单框架,白色”;使图片上2下2整齐排列;每幅图片的进入动画效果为“上一动画之后”。第二张幻灯片内容为文件夹下9.png～14.png的图片,图片大小设置为5厘米(高)＊7厘米(宽),样式为“居中矩形阴影”;使图片上3下3整齐排列;每幅图片的进入动画效果为“上一动画之后”。在第三张幻灯片中,利用“连续图片列表”SmartArt图形展示“文本素材.docx”中的四个要点,图片对应15.jpg～18.jpg,设置SmartArt图形的进入动画效果为“逐个”、“与上一动画同时”。

5.将“结束语”节下的幻灯片版式设为空白,插入艺术字,内容为“攻坚克难,砥砺前行一起加油吧!”;将文件夹下的图片“背景.jpg”设为背景。

6.除标题幻灯片外,在其他幻灯片的页脚处显示页码。

7.设置幻灯片为循环放映方式,每张幻灯片的自动切换时间为10秒钟。

【解题步骤】

☞ 第 1 小题

步骤1:在文件夹下新建一个演示文稿,命名为“2022两会热点图解.pptx”。

步骤2:打开演示文稿,在【开始】选项卡下【幻灯片】组中单击“新建幻灯片”下拉按钮,选择“标题幻灯片”。以同样的方法再新建4张版式为“标题和内容”的幻灯片,一张版式为“空白”的幻灯片。

步骤3:选中第1张幻灯片,在【开始】选项卡下,单击【幻灯片】组中的“节”下拉按钮,选择“新增节”。右键单击新建的“无标题节”,选择“重命名节”。在弹出的对话框中输入节名称为“标题”,单击“重命名”按钮。

步骤4:以同样的方法新建其他节。

步骤5:选中一节幻灯片,单击【切换】选项卡下【切换到此幻灯片】组中的”其他“下拉按钮,选择一种切换效果。

步骤6:以同样的方法为其他节设置不同的切换效果。

步骤7:选中所有幻灯片,在【设计】选项卡中,单击【主题】组中的“其他”下拉按钮,选择“聚合”。

☞ 第 2 小题

步骤1:选中第1张幻灯片,在标题文本框中输入“2022两会热点图解”,在副标题文本框中输入“聚焦两会 关注民生”。

步骤2:选中标题文字,在【开始】选项卡下单击【字体】组中的“字号”下拉按钮,选择不小于48的数值。以同样的方法设置副标题字号。

☞ **第 3 小题**

步骤 1：单击第 2 张幻灯片，在标题文本框中输入"今年主要预期目标"。

步骤 2：在内容文本框中单击插入 SmartArt 图形按钮，在弹出的对话框中选择"图片框"。

步骤 3：在 SmartArt 图形的文本框中，输入题面要求的内容。单击 SmartArt 图形中的图片框，在弹出的"插入图片"对话框中选择"1.jpg"，单击"插入"按钮。以同样的方法在 SmartArt 图形中插入其他图片。

步骤 4：选中 SmartArt 图形，在【动画】选项卡中，单击【动画】组中的"其他"下拉按钮，选择一个动画效果，如"飞入"。单击"效果选项"下拉按钮，选择"逐个"。在【计时】组中单击"开始"下拉按钮，选择"与上一动画同时"。

☞ **第 4 小题**

步骤 1：单击第 3 张幻灯片，在标题文本框中输入"今年重点工作之一"。

步骤 2：单击内容文本框中的"插入来自文件的图片"按钮，在弹出的对话框中，按住 Ctrl 键，同时选中文件夹下的 5.png～8.png，单击"插入"按钮。

步骤 3：选中插入的 4 张图片，单击【图片工具】|【格式】下的"大小"扩展按钮，在弹出的对话框中，取消勾选"锁定纵横比"复选按钮，设置高度为 6 厘米、宽度为 8 厘米；按题意要求适当调整图片位置，将图片排列整齐。

步骤 4：在【图片样式】组中单击"其他"下拉按钮，选择"简单框架，白色"。

步骤 5：按顺序选择图片，在【动画】选项卡中，单击【动画】组中的"其他"下拉按钮，选择一种动画效果。在【计时】组中单击"开始"下拉按钮，选择"上一动画之后"，同样的方式为其他图片设置动画效果。

步骤 6：以同样的方法设置第 4 张幻灯片。

步骤 7：按照第 3 小题步骤 2、3、4 的方法在第 5 张幻灯片中插入"连续图片列表"SmartArt 图形并进行相关设置。

☞ **第 5 小题**

选中最后一张幻灯片，单击【插入】选项卡下【文本】组中的"艺术字"下拉按钮，任意选择一种艺术字样式，输入文字"攻坚克难，砥砺前行 一起加油吧！"。

在【设计】选项卡下【背景】组中单击"背景样式"下拉按钮，在弹出的下拉列表中选择"设置背景格式"，弹出"设置背景格式"对话框，在"填充"选项卡下选中"图片或纹理填充"单选按钮，单击"插入自"下方的"文件"按钮，弹出"插入图片"对话框，选择图片"背景.jpg"，单击"插入"，单击"关闭"按钮。

☞ **第 6 小题**

步骤：单击【插入】选项卡，在【文本】组中单击"页眉和页脚"按钮。在弹出的"页眉和页脚"对话框中，勾选"幻灯片编号"和"标题幻灯片中不显示"复选框，单击"全部应用"按钮。

☞ **第 7 小题**

步骤 1：单击【幻灯片放映】选项卡，在【设置】组中单击"设置幻灯片放映"按钮，在弹出的文本框中选择"循环放映，按 ESC 键终止"复选框，单击"确定"按钮。

步骤 2：在【切换】选项卡中，勾选"设置自动换片时间"复选框，并将时间设置为 10 秒，按照同样的方法设置其他幻灯片。

步骤 3：保存并关闭文件。

实例三十九：图书馆员职业介绍演示文稿

本实例教材

【知识点】

基础点：1－另存为；2－保存背景；3－SmartArt；4－动画效果；6－替换字体；7－切换方式；8－插入音频；9－放映方式

中等难点：5－图表

【题目要求】

高考过后，为帮助同学们更好地填报志愿、选择专业，给同学们的职业规划提供一些灵感，启航志愿生涯规划中心选取大家关注度较高的图书馆员职业进行介绍。请按照如下要求完成该演示文稿的制作：

1.在文件夹下，打开"ppt 素材.pptx"文件，将其另存为"ppt.pptx"（.pptx 为扩展名），之后所有的操作均基于此文件。

2.将演示文稿中第 1 页幻灯片的背景图片应用到第 2 页幻灯片。

3.将第 2 页幻灯片中的"图书馆员职业类别"、"采访馆员"、"编目馆员"、"系统馆员"、"参考馆员"5 段文字内容转为"射线循环"SmartArt 布局，更改 SmartArt 的颜色，并设置该 SmartArt 样式为"强烈效果"。调整其大小，并将其放置在幻灯片页的右侧位置。

4.为上述 SmartArt 图形示设置由幻灯片中心进行"缩放"的进入动画效果，并要求上一动画开始之后自动、逐个展示 SmartArt 中的文字。

5.在第 4 页幻灯片中的"资讯技术"、"文本校勘"、"文献分类"、"版本鉴别"4 段文字内容转换为"基本饼图"SmartArt 布局，更改 SmartArt 的颜色，并设置该 SmartArt 样式为"强烈效果"。调整大小并放于幻灯片适当位置。设置该图形的动画效果为按序列逐个扇区上浮进入效果。

6.将文档中的所有中文文字字体由"宋体"替换为"微软雅黑"。

7.为演示文档中的所有幻灯片设置不同的切换效果。

8.将考试文件夹中的"fj.mp3"声音文件作为该演示文档的背景音乐,并要求在幻灯片放映时即开始播放,至演示结束后停止。

9.为了实现幻灯片可以在展台自动放映,设置每张幻灯片的自动放映时间为10秒钟。

【解题步骤】

☞ **第 1 小题**

步骤:在文件夹下打开素材文件"ppt素材.pptx",单击【文件】选项卡,选择"另存为"。在弹出的"另存为"对话框中输入文件名为"ppt.pptx",单击"保存"按钮。

☞ **第 2 小题**

步骤1:在右侧预览区域选中第1张幻灯片,单击鼠标右键,选择"保存背景",弹出"保存背景"对话框,在对话框左侧选择"桌面",单击"保存"按钮",将"图片1.jpg"保存到桌面。

步骤2:选中第2张幻灯片,单击【设计】选项卡下【背景】组中右下角的"扩展按钮"弹出"设置背景格式"对话框,选择"填充"选项中的"图片或纹理填充",单击"插入自"下方的"文件"按钮,弹出"插入图片"对话框,单击左侧桌面,找到之前保存的"图片1.jpg",单击"插入",单击"关闭"按钮。

☞ **第 3 小题**

步骤1:单击第2张幻灯片,选择内容文本框中的文字,单击【开始】选项卡下【段落】组中的"转换为SmartArt图形"下拉按钮,选择"其他SmartArt图形",在弹出的对话框中选择"循环"中的"射线循环",单击"确定"按钮。

步骤2:切换至【SmartArt工具】下的【设计】选项卡,单击【SmartArt样式】组中的"更改颜色"下拉按钮,选择任意一种颜色,再单击【SmartArt】样式组中的"其他"下拉按钮,选择"强烈效果"。调整其大小,并将其放置在幻灯片页的右侧位置。

☞ **第 4 小题**

步骤1:选中SmartArt图形,在【动画】选项卡的【动画】组中单击其它下拉按钮,选择"缩放"。

步骤2:单击"效果选项"下拉按钮,选择"幻灯片中心",再次单击"效果选项"下拉按钮,选择"逐个"。

步骤3:单击"计时"组中"开始"的下拉按钮,选择"上一动画之后"。

☞ **第 5 小题**

步骤1:选中第四张幻灯片,选择内容文本框中的文字,单击【开始】选项卡下【段落】组中的"转换为SmartArt图形"下拉按钮,选择"其他SmartArt图形",在弹出的对话框中选择"关系"中的"基本饼图",单击"确定"按钮。

步骤2:切换至【SmartArt 工具】下的【设计】选项卡,单击【SmartArt 样式】组中的"更改颜色"下拉按钮,选择任意一种颜色,再单击【SmartArt】样式组中的"其他"下拉按钮,选择"强烈效果"。调整其大小,并将其放置在幻灯片页的适当位置。

步骤3:单击【动画】选项卡下动画组中的"其他"下拉按钮,选择"更多进入效果",单击"温和型"选项下的"上浮",单击"确定"按钮,单击"效果选项"下拉按钮,选择序列中的"逐个"。

☞ **第 6 小题**

步骤1:单击【开始】选项卡下【编辑】组中的"替换"下拉按钮,选择"替换字体"。

步骤2:在弹出的对话框中的"替换"下拉列表中选择"宋体",在"替换为"下拉列表中选择"微软雅黑",单击"替换"按钮,单击"关闭"按钮。

☞ **第 7 小题**

步骤1:选择第一张幻灯片,单击【切换】选项卡,在【切换到此幻灯片】组中选择一种切换效果。

步骤2:用相同方式设置其他幻灯片,保证切换效果不同即可。

☞ **第 8 小题**

步骤1:选择第一张幻灯片,切换至【插入】选项卡,在【媒体】组中单击"音频"下拉按钮,选择"文件中的音频"选项,在弹出的对话框中选择文件夹下的"fj. mp3",单击"插入"按钮。

步骤2:选中音频按钮,切换至【音频工具】下的【播放】选项卡中,在【音频选项】组中,单击"开始"下拉按钮,选择"跨幻灯片播放",勾选"循环播放,直到停止"和"放映时隐藏"复选框。

☞ **第 9 小题**

步骤1:单击【切换】选项卡,在【计时】组中勾选【设置自动换片时间】复选框,并将自动换片时间设置为 10 秒,按照同样的方法设置其他幻灯片。

步骤2:单击【幻灯片放映】选项卡下【设置】组中的"设置幻灯片放映"按钮,在弹出的对话框中选中"在展台浏览(全屏幕)"单选按钮,再单击"确定"按钮。

步骤3:保存并关闭文件。

实例四十：木兰草原景点的演示文稿

本实例教材

【知识点】

基础点:1—新建演示文稿;2—应用版式;3—插入图片、图片效果;4—SmartArt;5—

插入表格;6—图片设置;7—段落设置;9—图片设置;11—艺术字;12—换片设置

困难点:8/10—图片格式设置

【题目要求】

某旅行社导游小竹正在制作一份介绍武汉木兰草原景点的演示文稿,请按照下列要求,并参考"参考图片.docx"文件中的样例效果,帮助他组织材料完成演示文稿的整合制作。

1. 新建一个空白演示文稿,命名为"木兰草原.pptx"(".pptx"为扩展名),并保存在文件夹中,此后的操作均基于此文件。

2. 演示文稿包含 8 张幻灯片,第 1 张版式为"标题幻灯片",第 2、第 3、第 5 和第 6 张为"标题和内容版式",第 4 张为"两栏内容"版式,第 7 张为"仅标题"版式,第 8 张为"空白"版式;每张幻灯片中的文字内容,可以从文件夹下的"木兰草原 ppt—素材.docx"文件中找到,并参考样例效果将其置于适当的位置;对所有幻灯片应用名称为"流畅"的内置主题;将所有文字的字体统一设置为"幼圆"。

3. 在第 1 张幻灯片中,参考样例将文件夹下的图片"1.jpg"插入到适合的位置,并应用恰当的图片效果。

4. 将第 2 张幻灯片中标题下的文字转换为 SmartArt 图形,布局为"垂直曲型列表",并应用"白色轮廓"的样式,字体为幼圆。

5. 将第 3 张幻灯片中标题下的文字转换为表格,表格的内容参考样例文件,取消表格的标题行和镶边行样式,并应用镶边列样式;表格单元格中的文本水平和垂直方向都居中对齐,中文设为"幼圆"字体,英文设为"Arial"字体。

6. 在第 4 张幻灯片的右侧,插入文件夹下名为"2.jpg"的图片,并应用"圆形对角,白色"的图片样式。

7. 参考样例文件效果,调整第 5 和 6 张幻灯片标题下文本的段落间距,并添加或取消相应的项目符号。

8. 在第 5 张幻灯片中,插入文件夹下的图片"3.jpg"(骑马)和"4.jpg"(草地),参考样例文件,将他们置于幻灯片中适合的位置;将图片"4.jpg"置于底层,并对图片"3.jpg"应用"飞入"的进入动画效果,以便在播放到此张幻灯片时,骏马能够自动从右下方进入幻灯片页面;在骑马图片上方插入"椭圆形标注",使用短划线轮廓,并在其中输入文本"出发啦!",然后为其应用一种适合的进入动画效果,并使其在骏马飞入页面后能自动出现。

9. 在第 6 张幻灯片的右上角,插入文件夹下的图片"5.jpg",并将其到幻灯片上侧边缘的距离设为 0 厘米。

10. 在第 7 张幻灯片中,插入文件夹下的图片"6.jpg"、"7.jpg"、"8.jpg"和"9.jpg",参考样例文件,为其添加适当的图片效果并进行排列,将他们顶端对齐,图片之间的水平间距相等,左右两张图片到幻灯片两侧边缘的距离相等;在幻灯片右上角插入文件夹下的图片"10.jpg",并将其顺时针旋转—20 度。

11. 在第 8 张幻灯片中,将文件夹下的图片"11.jpg"设为幻灯片背景,并将幻灯片中的文本应用一种艺术字样式,文本居中对齐,字体为"幼圆";为文本框添加白色填充色和透明效果。

12.为演示文稿第 2—8 张幻灯片添加不同的切换效果,首张幻灯片无切换效果;为所有幻灯片设置自动换片,换片时间为 5 秒;为除首张幻灯片之外的所有幻灯片添加编号,编号从"1"开始。

【解题步骤】

☞ **第 1 小题**

步骤 1:右键单击文件夹空白处,新建一个 Microsoft Power Point 文档,并重命名为"木兰草原.pptx",并打开木兰草原.pptx 文件。

☞ **第 2 小题**

步骤 1:单击【开始】选项卡下【幻灯片】组中"新建幻灯片"下拉按钮,选择"标题幻灯片"。按同样方法根据题目要求新建第 2 到第 8 张幻灯片,使得第 2、第 3、第 5 和第 6 张为"标题和内容"版式,第 4 张为"两栏内容"版式,第 7 张为"仅标题"版式,第 8 张为"空白"版式。

步骤 2:在【设计】选项卡下的【主题】组中,单击下拉按钮,选择主题样式为"流畅"。

步骤 3:按照"参考图片.docx"中的样例,将"木兰草原 ppt—素材.docx"中的内容复制到相应幻灯片中,删除多余的空格,适当调整位置。

步骤 4:选择【大纲】选项卡,将光标定位到大纲视图下,按 Ctrl+A 全选文字,在【开始】选项卡【字体】组中设置字体为幼圆,切换到幻灯片选项卡下。

☞ **第 3 小题**

步骤 1:选中第一张幻灯片,单击【插入】选项卡下【图像】组中的"图片"按钮,弹出"插入图片"对话框,从文件夹下选择图片"1.jpg",单击"插入"按钮。将图片移动到合适位置。

步骤 2:单击【图片工具|格式】选项卡下【图片样式】组中"图片效果"下拉按钮,将鼠标移动到"柔化边缘"选项,在右侧选择 50 磅。

☞ **第 4 小题**

步骤 1:单击第 2 张幻灯片,选中标题下的文字,右键单击,选择"转换为 SmartArt"中的"其他 SmartArt 图形"。弹出"选择 SmartArt 图形"对话框,选择"列表"中的垂直曲型列表。

步骤 2:单击【SmartArt 工具】|【设计】选项卡下【SmartArt 样式】组中的"白色轮廓"。

步骤 3:选中整个 SmartArt 图形,单击【开始】选项卡下【字体】组中的"字体"下拉按钮,选择"幼圆"

☞ **第 5 小题**

步骤 1：选中第 3 张幻灯片，将内容文本框内的文字删除，单击内容文本框内"插入表格"按钮，在弹出的对话框中，输入列数为 4，行数为 4，单击"确定"按钮。

步骤 2：单击【表格工具】|【设计】选项卡下表格样式组中的"其他"下拉按钮，选择"中度样式 2—强调 1"。

步骤 3：按照"参考图片.docx"中的样例，输入表格内容，在【表格样式选项】组中取消"标题行"和"镶边行"的勾选，勾选"镶边列"。

步骤 4：选中表格，单击【表格工具】|【布局】选项卡，单击【对齐方式】组中"居中"和"垂直居中"按钮。单击【开始】选项卡下【字体】组中的扩展按钮，弹出"字体"对话框，西文字体设为"Arial"，中文字体为"幼圆"，单击"确定"按钮。

☞ **第 6 小题**

步骤 1：选中第 4 张幻灯片右侧内容区，单击【插入】选项卡下【图像】组中的"图片"按钮，弹出"插入图片"对话框，从文件夹下选择图片"2.jpg"，单击"插入"按钮。

步骤 2：单击【图片工具】|【格式】选项卡下【图片样式】组中的"其他"扩展按钮，选择"圆形对角，白色"的图片样式。

☞ **第 7 小题**

步骤 1：选中第 5 张幻灯片文本区第一段文字，单击【开始】选项卡【段落】组的扩展按钮，设置段后间距 24 磅，单击"确定"按钮。

步骤 2：单击【开始】选项卡【段落】组中的"项目符号"按钮，取消相应的项目符号，同样的方法设置第 6 张幻灯片文本区中第一段文字段后间距和项目符号。

☞ **第 8 小题**

步骤 1：选中第 5 张幻灯片，单击【插入】选项卡下【图像】组中的"图片"按钮，弹出"插入图片"对话框，从文件夹下选择"图片 3.png"，单击"插入"按钮。同样方法插入"图片 4.png"。

步骤 2：移动图片"3.jpg"和"4.jpg"到适合的位置。选中图片"4.jpg"，单击鼠标右键，选择"置于底层"。选中图片"3.jpg"，单击【动画】组中的"飞入"动画效果，单击"效果选项"的下拉按钮，选择"自右侧"。

步骤 3：单击【插入】选项卡下【插图】组中"形状"下拉按钮，选择"标注"中的"椭圆形标注"，此时鼠标变为"十字形"在适当位置移动鼠标，插入标注。

步骤 4：参考样例文件效果，在【绘图工具】|【格式】选项卡下【形状样式】组中，选择合适的样式。单击"形状轮廓"下拉按钮，鼠标移动到"虚线"选项，在右侧选择"短划线"，在【排列】组中单击"旋转"按钮，选择"水平翻转"。

步骤 5：选中标注，单击鼠标右键，选择"编辑文字"输入"出发啦！"，调整标注大小，并且适当调整文字的字体和颜色。选中标注，在【动画】选项卡下【动画】组中选择"浮入"动画效果，单击【计时】组中"开始"输入框的下拉按钮，选择"上一动画之后"。

☞ **第 9 小题**

步骤 1：选中第 6 张幻灯片，单击【插入】选项卡下【图像】组中的"图片"按钮，弹出"插入图片"对话框，从文件夹下选择图片"5.jpg"，单击"插入"按钮，手动调整图片大小，移动图片到幻灯片的右上角。

步骤 2：单击【图片工具】|【格式】选项卡下，【排列】组中的"对齐"下拉按钮，选择"顶端对齐"。

☞ **第 10 小题**

步骤 1：选中第 7 张幻灯片，单击【插入】选项卡下【图像】组中的"图片"按钮，弹出"插入图片"对话框，从文件夹下选择图片"6.jpg"，单击"插入"按钮。同样方法插入图片"7.jpg"、"8.jpg"和"9.jpg"。将图片移动到适合的位置。

步骤 2：选中图片"6.jpg"，单击【图片工具】|【格式】选项卡下【图片样式】组中的"图片效果"下拉按钮，鼠标移动到阴影，在右侧选择"外部，右下斜偏移"，用同样的方法设置图片"7.jpg"、"8.jpg"和"9.jpg"。

步骤 3：选中上排"6.jpg"、"7.jpg"两张图片，单击【图片工具】|【格式】选项卡下，【排列】组中的"对齐"下拉按钮，勾选"对齐所选对象"，单击"顶端对齐"，再单击【排列】组中的"对齐"下拉按钮，勾选"对齐幻灯片"，单击"横向分布"。同样设置下排 2 张图片。

步骤 4：单击【插入】选项卡下【图像】组中的"图片"按钮，弹出"插入图片"对话框，从文件夹下选择图片"10.jpg"，单击"插入"按钮。移动图片到适合的位置。

步骤 5：单击【图片工具】|【格式】选项卡下，【排列】组中的"旋转"下拉按钮，选择"其他旋转选项"。在弹出的对话框中单击左侧"大小"按钮，在"旋转"输入框内输入"—20"。单击"关闭"按钮。

☞ **第 11 小题**

步骤 1：选中第 8 张幻灯片，删除文字内容，单击【设计】选项卡下【背景】组中的"设置背景格式"扩展按钮，在弹出的对话框中单击左侧"填充"按钮，在"填充"选项卡下，单击"图片或纹理填充"，单击"插入自"下方的"文件"按钮，选择文件夹中的图片"11.jpg"，单击"插入"按钮，单击"关闭"按钮。

步骤 2：单击【插入】选项卡下【文本】组中的"艺术字"下拉按钮，选择适合的样式，参考样例文件效果，在艺术字的输入框内输入适合的内容。选中输入的文字，单击【开始】选项卡下【段落】组中的"居中"按钮，在【字体】组中设置字体为"幼圆"。

步骤 3：选中该文本框，在【绘图工具】|【格式】选项卡下【形状样式】组中，单击"设置形状格式"扩展按钮，在"填充"选项卡下，选择纯色填充，设置填充颜色为白色，透明度 50％。

☞ **第 12 小题**

步骤 1：为幻灯片设置切换效果。分别选中第 2—8 张幻灯片，在【切换】选项卡下的【切换到此幻灯片】组中，单击"其他"下三角按钮，选择不同的切换效果。

步骤 2:选中一张幻灯片,在【切换】选项卡下【计时】组中取消勾选"单击鼠标时"复选框,勾选"设置自动换片时间"复选框,并在文本框中输入 00:05:00。

步骤 3:按照同样的方法为其他幻灯片设置自动放映时间。

步骤 4:选中第 1 张幻灯片,在【插入】选项卡下【文本】组中单击"幻灯片编号"按钮,勾选"幻灯片编号"和"标题幻灯片中不显示"复选框,单击"全部应用"按钮。

步骤 5:单击【设计】选项卡下【页面设置】组中的"页面设置"按钮,在弹出的对话框中,设置幻灯片编号起始值为 0,单击"确定"按钮。

步骤 6:保存并关闭文件。

实例四十一:《二十四节气》演示文稿

本实例教材

【知识点】

基础点:1-新建演示文稿;2-版式、主题;4-素材导入;5-文本框设置;7-插入表格、表格样式;8-艺术字、幻灯片背景图片;10-插入音频;11-动画效果、切换效果;12-放映方式

重难点:3-幻灯片母版;6-SmartArt 图形;9-插入图片、图片格式;

【题目要求】

2016 年 11 月 30 日,中国"二十四节气"被列入联合国教科文组织人类非物质文化遗产代表作名录。为确保"二十四节气"的存续力和代际传承,中国农业博物馆等机构联合举办第二届"二十四节气文化作品设计大赛"。牛星报名参赛,现在需要制作一份关于中华四季二十四节气的演示文稿。请根据以下要求,并参考"样例图片.docx"中的效果,完成演示文稿的制作。

1.新建一个空白演示文稿,命名为"24 节气.pptx"(".pptx"为扩展名),并保存在文件夹中,此后的操作均基于此文件。

2.演示文稿包含 12 张幻灯片,第 1 张版式为"标题幻灯片",第 2 张为"垂直排列标题与文本"版式,第 4 张为"标题和内容版式",第 3 张、第 5 张~第 12 张为"空白"版式。对所有幻灯片应用名称为"气流"的内置主题。

3.参考"样例图片.docx"文件,通过幻灯片母版为每张幻灯片添加文字"二十四节气 The 24 Solar Terms"。

4.将第 1 张标题幻灯片中的标题设置为"中华四季二十四节气"。参考"样例图片.docx"文件内容将所有文字布局到各对应幻灯片中,每张幻灯片中的文字内容,可以从文件夹下的"24 节气 PPT_素材.docx"文件中找到,并参考样例效果将其置于适当的位置。

5.美化第 2 张幻灯片,将标题文字设置为绿色、竖向,内容文本框里的文字设置为横

向。适当调整文字大小、文本框的位置。

6.将第 3 张幻灯片中的文字转换为 SmartArt 图形,布局为"垂直曲型列表";并将春1.png、夏1.png、秋1.png、冬1.png 定义为该 SmartArt 对象的显示图片;参照样例图例,更改矩形条的颜色为适宜的颜色。

7.在第 4 张幻灯片中插入"24 节气 PPT_素材.docx"文件中的交节时间表,更改表格样式为"浅色样式 2-强调 2",适当调整表格大小、位置。

8.分别在第 5、7、9、11 张幻灯片中插入艺术字"春、夏、秋、冬",参照"样例图片.docx"文件,为文字设置合适的字体、字号、颜色,并置于幻灯片中适合的位置。将考试文件夹下的图片春.jpg、夏.jpg、秋.jpg、冬.jpg 设置为对应的幻灯片的背景。

9 参照图例文件,将文件夹下 24 张节气图片分类插入到第 6、8、10、12 张幻灯片中,调整图片大小,添加适当的图片效果,合理布局图片的对齐方式。

10.在第一张幻灯片中插入歌曲"二十四节气歌.mp3",演示文稿播放的全程需要有背景音乐,并设置声音图标在放映时隐藏。

11.为每张幻灯片设置不同的幻灯片切换效果,文字和图片的动画效果要丰富。

12.设置演示文稿放映方式为"循环放映,按 ESC 键终止",换片方式为"手动"。

【解题步骤】

☞ **第 1 小题**

步骤 1:右键单击文件夹空白处,新建一个 Microsoft PowerPoint 文档,并重命名为"24 节气.pptx",并打开 24 节气.pptx 文件。

☞ **第 2 小题**

步骤 1:单击【开始】选项卡下【幻灯片】组中"新建幻灯片"下拉按钮,选择"标题幻灯片"。以同样方法按照题目要求新建第 2 到第 12 张幻灯片,使得第 2 张为"两栏内容"版式,第 4 张为"标题和内容版式",剩余的九张幻灯片为"空白"版式。

步骤 2:在【设计】选项卡下的【主题】组中,单击下拉按钮,选择主题样式为"流畅"。

☞ **第 3 小题**

步骤 1:选中第一张幻灯片,单击【视图】选项卡下【母版视图】组中的"幻灯片母版"按钮。

步骤 2:选择母版视图中的第一张幻灯片,单击【插入】选项卡下【文本】组中的"文本框"下拉按钮,选择"垂直文本框"。

步骤 3:在右上角绘制一个竖排文本框,在文本框中输入"二十四节气 The 24 Solar Terms",适当调整文字大小。

步骤 3:最后单击【幻灯片母版】选项卡下的【关闭】组中的"关闭母版视图"按钮。

☞ **第 4 小题**

步骤 1:选中第 1 张幻灯片,在"单击此处添加标题"占位符中输入标题名"中华四季二十四节气"。

步骤 2:参照"样例图片.docx"文件,将"24 节气 PPT_素材.docx"中的文字内容复制到相应幻灯片中,删除多余的空格,适当调整位置。

☞ **第 5 小题**

单击第 2 张幻灯片,选中标题文本框里的文字"节气歌谣",在【开始】选项卡下的【字体】组中,设置文字颜色为绿色;选中内容文本框里段落文字,在【开始】选项卡下的【段落】组中单击"文字方向"按钮设置文字方向为横向。参考样例效果调整文本框位置。

☞ **第 6 小题**

步骤 1:单击第 3 张幻灯片,选中文本框里的四段文字,右键单击,选择"转换为 SmartArt"中的"其他 SmartArt 图形"。弹出"选择 SmartArt 图形"对话框,选择"列表"中的"垂直曲型列表"。

步骤 2:单击【SmartArt 工具】|【设计】选项卡下【SmartArt 样式】组中的"白色轮廓"。

步骤 3:选中"春雨惊春清谷天"文本框,在【SmartArt 工具】|【格式】选项卡【形状样式】组中,单击【形状填充】下拉按钮,选择"绿色"。

步骤 4:选中"春雨惊春清谷天"文本框前的圆形框,在【SmartArt 工具】|【格式】选项卡【形状样式】组中,单击【形状轮廓】下拉按钮,选择"无轮廓"。

步骤 5:单击【插入】选项卡下【图像】组中的"图片"按钮,弹出"插入图片"对话框,从文件夹下选择图片"春 1.png",单击"插入"按钮。调整图片的大小,移动图片到圆形框中。

步骤 6:参照"样例图片.docx",用步骤 3、步骤 4、步骤 5 同样的方法设置 SmartArt 图形中的余下的形状对象。将图片"夏 1.png""秋 1.png""冬 1.png"插入到对应的圆形框中。

☞ **第 7 小题**

步骤 1:选中第 4 张幻灯片,单击内容文本框内"插入表格"按钮,在弹出的对话框中,输入列数为 8,行数为 7,单击"确定"按钮。

步骤 2:单击【表格工具】|【设计】选项卡下表格样式组中的"其他"下拉按钮,选择"浅色样式 2—强调 2"。

步骤 3:参照"样例图片.docx"中的样例,输入表格内容,并适当调整表格大小与位置。

☞ **第 8 小题**

步骤 1:选中第 5 张幻灯片,单击【插入】选项卡下【文本】组中的"艺术字"下拉按钮,选择适合的样式,参考样例文件效果,在艺术字的输入框内输入"春"。选中输入的文字,在【开始】选项卡下【字体】组中设置字体为"华文行楷",绿色,大小为"96 号"。

步骤 2:在幻灯片上单击鼠标右键,选择【设置背景格式】,在弹出的对话框中选择"填充"选项中的"图片或纹理填充",单击"插入自"下方的"文件"按钮,弹出"插入图片"对话框,选择文件夹中的"春.jpg",单击"插入"按钮,单击"关闭"按钮。

步骤 3:用同样的方法,参照样例图,设置第 7 张、第 9 张、第 11 张幻灯片。

☞ 第 9 小题

步骤 1:选中第 6 张幻灯片,单击【插入】选项卡下【图像】组中的"图片"按钮,弹出"插入图片"对话框,按住 ctrl 键,从文件夹下同时选中"立春 1.png、2 雨水.png、3 惊蛰.png、4 春分.png、5 清明.png、6 谷雨.png"六张图片,单击"插入"按钮。

步骤 2:单击【图片工具】|【格式】下的"大小"扩展按钮,在弹出的对话框中,取消勾选"锁定纵横比"复选按钮,设置宽度、高度均为 6 厘米。将图片移动到适合的位置。

步骤 3:选中 6 张图片,在【图片样式】组中单击"其他"下拉按钮,选择一种图片样式。

步骤 4:选中上排 3 张图片,单击【图片工具】|【格式】选项卡下,【排列】组中的"对齐"下拉按钮,勾选"对齐所选对象"单击"顶端对齐",再单击【排列】组中的"对齐"下拉按钮,单击"横向分布"。

步骤 5:选中左侧的上下 2 张图片,单击【图片工具】|【格式】选项卡下,【排列】组中的"对齐"下拉按钮,单击"左对齐"。

步骤 6:选中下排 3 张图片,单击【图片工具】|【格式】选项卡下,【排列】组中的"对齐"下拉按钮,勾选"对齐所选对象"单击"顶端对齐",再单击【排列】组中的"对齐"下拉按钮,单击"横向分布"。

步骤 7:使用同样方法,参照样例图,设置第 8 张、第 10 张、第 12 张幻灯片。

☞ 第 10 小题

步骤 1:选中第一张幻灯片,单击【插入】选项卡下【媒体】组中的"音频"下拉按钮,选择"文件中的音频",弹出"插入音频"对话框,选择文件夹下的"二十四节气歌.mp3",单击"插入"按钮。

步骤 3:单击【音频工具】|【播放】选项卡下【音频选项】组中的"开始"下拉按钮,选择"跨幻灯片播放",勾选"放映时隐藏""循环播放,直到停止"和"播完返回开头"复选框。

☞ 第 11 小题

步骤 1:为幻灯片添加适当的动画效果。添加方法为:选中一个文本区域,在【动画】选项卡下的【动画】组中单击"其他"下拉按钮,选择恰当的动画效果。

步骤 2:按照同样的方式为其他文本区域或者图片设置动画效果。

步骤 3:为幻灯片设置切换效果。选中一张幻灯片,在【切换】选项卡下的【切换到此幻灯片】组中,单击"其他"下三角按钮,选择恰当的切换效果。

步骤 4:按照同样的方式为其他幻灯片设置不同的切换效果。

☞ 第 12 小题

步骤 1:单击【幻灯片放映】选项下【设置】组中的"设置幻灯片放映"按钮,弹出"设置放映方式"对话框,在"放映类型"中选择"观众自行浏览(窗口)",在"放映选项"组中勾选"循环放映,按 ESC 键终止"复选框,将"换片方式"设置为手动,单击"确定"按钮。

步骤 2:保存并关闭文件。

实例四十二：《大学生征兵政策解读》演示文稿

本实例教材

【知识点】

基础点：2－动画排序；3－插入图片、图片样式；5－插入对象；6－SmartArt 图形、动画效果；7－超链接；8－艺术字；插入背景图片；9－母版设置、插入 logo 图片、幻灯片编号；10－分节、主题、切换效果

中等难点：1－素材导入；4－拆分幻灯片、添加备注

【题目要求】

为营造浓厚参军氛围，助力高校学子圆梦军旅、报效国家，华中工程学院校保卫处征兵工作站吴处长准备开展 2022 届高校大学生征兵政策解读宣讲活动。他已搜集并整理了一份相关资料存放在 word 文档"大学生参军.docx"中。请按下列要求帮助完成 PPT 演示文稿的整合制作：

1. 在文件夹下创建一个名为"大学生参军.pptx"的新演示文稿（".pptx"为扩展名），后续操作均基于此文件。该演示文稿需要包含 word 文档"大学生参军.docx"中的所有内容，word 素材文档中的红色文字、绿色文字、紫色文字分别对应演示文稿中每页幻灯片的标题文字、第一级文本内容、第二级文本内容。

2. 将第 1 张幻灯片的版式设为"标题幻灯片"，在该幻灯片的右下角插入任意一幅剪贴画，依次为标题、副标题和新插入的图片设置不同的动画效果、其中副标题作为一个对象发送，并且指定动画出现顺序为图片、副标题、标题。

3. 将第 2、3、11、12、13 张幻灯片版式设为"两栏内容"，按照"大学生参军.docx"素材内容，将考试文件夹中相对应的图片分别插入到各张幻灯片右侧的文本框中，并应用恰当的图片效果。

4 将标题为"应征入伍基本条件"所属的幻灯片拆分为 2 张，前面一张中插入图片"年龄.jpg"，后面一张中插入图片"身高视力体重.jpg"，标题均为"应征入伍基本条件"。分别为 2 张幻灯片添加备注"年龄计算截至 2021 年 12 月 31 日，均为周岁""经激光近视手术后半年以上，双眼视力可达到 4.8 以上，无并发症，眼底检查正常，合格"。

5. 将标题为"报名网址、报名时间"幻灯片的版式设为"标题和内容"，在文本框中插入文件夹下的 Excel 文档"报名时间.xlsx"中的模板表格，并保证该表格内容随 Excel 文档的改变而自动变化。为报名网址添加指向网址"https://www.gfbzb.gov.cn/"的超链接。

6. 将标题为"应征入伍流程"幻灯片中的文本转换为 word 素材中所示的 SmartArt

图形、并适当更改其颜色和样式。为本张幻灯片的标题和 SmartArt 图形添加不同的动画效果，并令 SmartArt 图形伴随着"风铃"声逐个级别顺序飞入。

7.为标题为"大学生参军特别优惠政策（二）"的幻灯片下的文字"附：应征入伍服兵役高等学校学生国家教育资助申请表"添加超链接，链接到文件夹下的 word 文档"应征入伍服兵役高等学校学生国家教育资助申请表.docx"。

8.将最后一张幻灯片版式设置为"空白"，插入艺术字"青春由磨砺而出彩 人生因奋斗而升华"，并将文件夹下的图片"背景.jpg"设置为幻灯片背景。

9.在每张幻灯片的左上角添加解放军的标志"Logo.png"，设置其位于最底层以免遮挡标题文字。除标题幻灯片外，其他幻灯片均包含幻灯片编号，自动更新的日期、日期格式为×××X 年 XX 月 XX 日。

10.将演示文稿按下列要求分为 5 节，分别为每节应用不同的设计主题和幻灯片切换方式。

节名包含的幻灯片

标题 1

整体背景 2－3

征集对象条件及流程 4－7

大学生参军特别优惠政策 8－15

结束语 16

【解题步骤】

☞ 第 1 小题

步骤 1：在文件夹下新建 powerpoint 演示文稿，并重命名为"大学生参军.pptx"。

步骤 2：打开文档，单击【开始】选项卡下【幻灯片】组中的"新建幻灯片"下拉按钮，选择"标题幻灯片"。按照此步骤新建共 15 张幻灯片，第 1 张幻灯片为标题幻灯片，第 2、3、11、12、13 张版式为"两栏内容"，最后一张版式为"空白"，其余幻灯片为"标题和内容"。

步骤 3：打开文件夹下的"大学生参军.docx"，选中"投笔从戎筑长城 强军兴国担大任"按 Ctrl＋C 进行复制，单击第一张幻灯片的标题文本框，按 Ctrl＋V 将内容粘贴到标题处。按照此步骤将"大学生参军.docx"中的内容复制到相应幻灯片处（红色文字、绿色文字、紫色文字分别对应演示文稿中每页幻灯片的标题文字、第一级文本内容、第二级文本内容）。

☞ 第 2 小题

步骤 1：选择第 1 张幻灯片，单击【插入】选项卡【图像】组中的"剪贴画"按钮，弹出"剪贴画"窗格，然后在"搜索文字"下的文本框中输入文字"八一建军节"，结果类型选择：所有媒体文件类型，单击"搜索"按钮，然后选择剪贴画。适当调整剪贴画的位置和大小。

步骤 2：选择标题文本框，在【动画】选项卡中的【动画】组中选择一个动画效果。选择副标题文本框，在【动画】选项卡中的【动画】组中选择一个不同的动画效果。单击"效果选项"按钮,选择"作为一个对象"发送。选择剪贴画,在【动画】选项卡中的【动画】组中选择一个不同的动画效果。

步骤3:选中图片,单击【计时】组中"向前移动"按钮两下,选中副标题文本框,单击【计时】组中"向前移动"按钮。

☞ **第 3 小题**

步骤1:选中第2张幻灯片右侧内容区,单击【插入】选项卡下【图像】组中的"图片"按钮,弹出"插入图片"对话框,按照"大学生参军.docx"素材内容,从文件夹下选择对应的图片,单击"插入"按钮,适当调整图片大小位置。

步骤2:单击【图片工具】|【格式】选项卡下【图片样式】组中的"其他"扩展按钮,选择一种图片样式。

步骤2:用同样的方法,为第3、11、12、13张幻灯片插入图片,为每张图片选择一种样式。

☞ **第 4 小题**

步骤1:在幻灯片视图中,选中编号为4的幻灯片,单击"大纲"按钮,切换至大纲视图。

步骤2:将光标定位到大纲视图中"备注内容:年龄计算截至2021年12月31日,均为周岁"文字的后面,按 Enter 键,单击【开始】选项卡下【段落】组中的"降低列表级别"按钮,即可在"大纲"视图中出现新的幻灯片。

步骤3:将第4张幻灯片中的标题,复制到新建的幻灯片的标题文本框中。

步骤4:切换至幻灯片视图,选中第4张幻灯片,在内容框内单击"插入来自文件的图片"按钮,弹出"插入图片"对话框,在该对话框中选择文件夹下的图片"年龄.png",然后单击"插入"按钮,适当调整图片的大小和位置。在幻灯片的下方"单击此处添加备注"处,输入"年龄计算截至2021年12月31日,均为周岁"。

步骤5:用同样方法,在新建的第5张幻灯片文本框中插入图片"身高视力体重.png"并添加题目中要求的备注内容。

☞ **第 5 小题**

步骤1:选中第6张幻灯片文本框,单击【插入】选项卡下【文本】组中的"对象"按钮。在弹出的对话框中,选择"由文件创建",单击"浏览"按钮,找到文件夹下的"报名时间.xlsx",单击"确定"按钮,在"插入对象"对话框内勾选"链接"选项,单击"确定"按钮,即可插入 Excel 文档,表格内容随 Excel 文档的改变而自动变化。

步骤2:选中"全国征兵网 https://www.gfbzb.gov.cn/"文字,单击鼠标右键,选择"超链接"。弹出"插入超链接"对话框,选择【现有文件或网页】选项,在【地址】后的输入栏中输入"https://www.gfbzb.gov.cn/"并单击"确定"按钮。

☞ **第 6 小题**

步骤1:选择第七张幻灯片,删除内容文本框中的文字,单击内容文本框中的"插入

SmartArt 图形"按钮,在弹出的对话框中选择"流程"选项中的"向上箭头",单击确定按钮。

步骤 2:单击 SmartArt 图形左侧的扩展按钮,弹出文本窗格,将"大学生参军.docx"中"应征入伍流程"部分的"报名登记"复制粘贴到文本窗格的第一行,"初审初检""体格检查/政治考核""预定新兵"和"批准入伍"分别复制粘贴到第 2、3、4、5 行,按 Enter 键,即可增加一行文本。

步骤 3:选中标题文本框在【动画】选项卡中的【动画】组中选择"浮入",选中 SmartArt 图形在【动画】选项卡中的【动画】组中选择"飞入",单击【动画】组中右下角的扩展按钮,弹出对话框,单击"效果"选项卡下"声音"下拉按钮,选择"风铃",切换到"SmartArt 动画"选项卡,单击"组合图形"下拉按钮,选择"逐个按级别",单击"确定"按钮。

步骤 4:选中 SmartArt 图形,在【SmartArt 工具】|【设计】选项卡【SmartArt 样式】组中选择合适的样式。然后单击更改颜色下拉按钮,选择彩色范围－强调文字颜色 3 至 4。

☞ 第 7 小题

选中第 10 张幻灯片文本框中文字"4.附:应征入伍服兵役高等学校学生国家教育资助申请表",单击【插入】选项卡下【链接】组中的"超链接"按钮,弹出"超链接"对话框,选择左侧"现有文件和网页",单击"当前文件夹",选择文件夹下的"应征入伍服兵役高等学校学生国家教育资助申请表.docx"文件,单击"确定"按钮。

☞ 第 8 小题

步骤 1:选中最后一张幻灯片,删除文字内容,单击【设计】选项卡下【背景】组中的"设置背景格式"扩展按钮,在弹出的对话框中单击左侧"填充"按钮,在"填充"选项卡下,单击"图片或纹理填充",单击"插入自"下方的"文件"按钮,选择文件夹中的"背景.jpg",单击"插入"按钮,单击"关闭"按钮。

步骤 2:单击【插入】选项卡下【文本】组中的"艺术字"下拉按钮,选择适合的样式,在艺术字的输入框内输入"青春由磨砺而出彩 人生因奋斗而升华"。

☞ 第 9 小题

步骤 1:选中第一张幻灯片,单击【视图】选项卡下【母版视图】组中的"幻灯片母版"按钮。

步骤 2:选择第一张幻灯片,单击【插入】选项卡下【图像】组中的"图片"按钮,弹出"插入图片"对话框,从文件夹下选择"Logo.png",单击"插入"按钮。移动图片到左上角,适当调小图片,单击鼠标右键,选择"置于底层"。

步骤 3:单击【插入】选项卡下【文本】组中的"幻灯片编号"按钮,单击"幻灯片"选项卡,勾选"日期和时间",选中"自动更新"单选按钮,单击日期格式的下拉按钮,选择"××××年××月××日"日期格式。勾选"幻灯片编号"和标题幻灯片中"不显示"选项。单击"全部应用"。

步骤 4:单击【幻灯片母版】选项卡下【关闭】组中"关闭母版视图"按钮。

☞ 第 10 小题

步骤 1：在幻灯片视图中，将光标置入第 1 张幻灯片的上部，单击鼠标右键，选择"新增节"选项。然后选中"无标题节"文字，单击鼠标右键，选择"重命名节"选项，在弹出的对话框中将"节名称"设置为"标题"，单击"重命名"按钮。

步骤 2：将光标置入第 1 张与第 2 张幻灯片之间，使用前面的介绍的方法新建节，并将节的名称设置为"整体背景"。使用同样的方法将余下的幻灯片进行分节。

步骤 3：选中"标题"节，在【设计】选项卡下【主题】组中的选择一个主题。使用同样的方法为不同的节设置不同的主题，并对幻灯片内容的位置及大小进行适当的调整。

步骤 4：选中"标题"节，然后选择【切换】选项卡下【切换到此幻灯片】组中的一个切换效果。使用同样的方法为不同的节设置不同的切换方式。

步骤 5：保存并关闭文件。